U0182669

ECharts数据可视化

入门、实战与进阶

王大伟 / 著

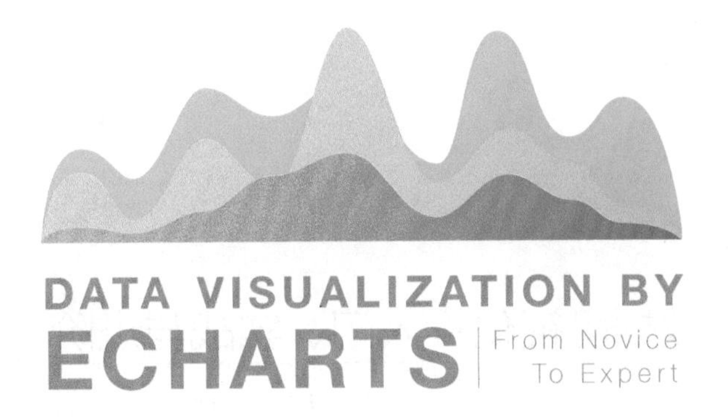

图书在版编目（CIP）数据

ECharts 数据可视化：入门、实战与进阶 / 王大伟著．—北京：机械工业出版社，2020.12（2025.1 重印）

ISBN 978-7-111-66988-3

I. E…　II. 王…　III. 可视化软件　IV. TP31

中国版本图书馆 CIP 数据核字（2020）第 235156 号

ECharts 数据可视化：入门、实战与进阶

出版发行：机械工业出版社（北京市西城区百万庄大街 22 号　邮政编码：100037）

责任编辑：李　艺　　责任校对：殷　虹

印　　刷：北京建宏印刷有限公司　　版　　次：2025 年 1 月第 1 版第 10 次印刷

开　　本：186mm×240mm　1/16　　印　　张：13

书　　号：ISBN 978-7-111-66988-3　　定　　价：89.00 元

客服电话：（010）88361066　68326294

Preface 前　言

为何写作本书

Apache ECharts (incubating)，下文简称 ECharts，是由百度捐献给 Apache 开源软件基金会的一个开源可视化工具，目前广泛应用于 PC 端和移动端的大部分浏览器。截至本书完稿时，该项目正在 Apache 开源软件基金会下孵化，因此项目名称中带着 incubating (孵化)。

自问世以来，ECharts 帮助大量开发者快速实现了可视化需求。它使用方便，学习成本较低，得到很多使用者的青睐。同时，ECharts 官网上有大量的 ECharts 可视化案例和配置项手册，可以供读者参考、学习。但是，对于大多数没有前端或编程基础的初学者来说，资料太多，会感到无从下手，也很难把握从零开始的学习路径，于是这本书应运而生。

2018 年，我在平安金融壹账通大数据研究院实习期间，负责项目的前端可视化，所以快速自学了 ECharts 并应用到具体项目中。通过大量阅读官方文档，同时结合项目实践，我归纳整理出一条适合初学者学习 ECharts 的路径，在此分享给大家，希望能对大家有所帮助。

本书主要特点

本书是一本 ECharts 实战图书，由浅入深地介绍了 ECharts 的使用方法和实战案例，适用于对可视化感兴趣的各类人群。书中从零开始讲解 ECharts 的使用，从入门到进阶，从制作单个可视化产品到制作 Dashboard，从使用 ECharts 的色彩主题到自己灵活搭配色彩，结合 Python 编程语言完成大数据可视化，采用前后端结合的策略带你打造数据产品演示 demo，同时介绍了时下流行的文本挖掘技术并通过 ECharts 可视化展示文本挖掘产出，最后分享了我在学习 ECharts 可视化过程中的一些思考与经验。

本书阅读对象

本书是一本以 ECharts 实战为导向的书，适合以下几类阅读对象：

- 计算机科学与技术、统计学、数学、大数据、人工智能、数据科学等相关专业的师生；
- 对数据可视化、前端开发、数据分析挖掘感兴趣的初学者；
- 数据可视化、前端开发和数据分析挖掘等相关领域的从业者；
- 转行做数据相关产品和开发的人员。

如何阅读本书

本书一共 12 章，从逻辑上可分为四个部分。

第一部分（第 1～4 章）为基础篇，主要介绍 ECharts 的背景和基础知识，以及如何利用 ECharts 实现简单的可视化。

- 第 1 章首先介绍了 ECharts 的概念、发展史、特性，然后通过与同类产品做对比，突出 ECharts 的优势。
- 第 2 章介绍了 ECharts 的安装方式、开发工具的选择与推荐，以及如何实现简单的 ECharts 可视化，最后简单介绍了 ECharts 官方文档的内容，指导读者使用官方文档，更好地实现 ECharts 可视化。本章的重点是搭建 ECharts 的开发环境，为后续学习其他章节提供环境基础。
- 第 3 章介绍 ECharts 的常用组件，包括标题、提示框、工具栏、图例、时间轴、数据区域缩放、网格、坐标轴、数据系列、全局字体样式等。通过学习这些常用组件，可以了解制作一幅可视化作品的关键部分，为之后的可视化学习打好坚实基础。

- 第 4 章介绍 ECharts 的各种基础可视化图。通过学习该章内容，我们可以动手实践自己所需的各类可视化图，之后的复杂可视化图都是在此基础上的组合与变形。

第二部分（第 5～6 章）为进阶篇，主要介绍 ECharts 的色彩主题，以及如何实现复杂动态可视化。

- 第 5 章介绍 ECharts 提供的色彩主题，指导大家使用这些色彩主题，并学会使用工具便捷地搭配需要的色彩，以达到需要的色彩展示效果。
- 第 6 章介绍 ECharts 可视化的优势之一，即带有时间轴的复杂动态可视化。

第三部分（第 7～10 章）为应用篇，主要介绍如何使用 ECharts 制作 Dashboard，如何使用 ECharts 开发数据产品 demo，以及如何将 Python 与 ECharts 结合起来实现大数据可视化。

- 第 7 章介绍制作不同场景的 Dashboard，尝试以多图组合的方式呈现数据的魅力。
- 第 8 章介绍如何将 Python 和 ECharts 结合，完成大数据可视化。
- 第 9 章从用户需求、产品设计、产品前后端开发、可视化产品展示四个方面讲解可视化产品搭建的全流程，帮助读者掌握开发简单可视化产品 demo 的能力。
- 第 10 章介绍 ECharts 可视化在文本挖掘上的应用。

第四部分（第 11～12 章）为提高篇，主要介绍 ECharts 可视化的高级用法，并分享了我在实现可视化过程中的经验与思考。

- 第 11 章介绍了一些 ECharts 的高级用法，从而更好地完成可视化交互设计，让可视化效果更加丰富多彩。内容包括使用富文本标签、数据的异步加载、响应式自适应、事件与行为、三维可视化制作。
- 第 12 章分享了我在实现可视化时积累的一些经验，包括如何选择可视化类型、可视化配色需要注意什么以及追求动态和炫酷效果的可视化是否可行等。

勘误与支持

读者若在阅读本书时发现错误或有建议，可与我联系（wangdawei@hellobi.com）。

本书的代码素材可通过扫描下面的二维码并关注微信公众号“数据科学杂谈”后回复“ECharts”关键词获得。

致谢

在漫长的写作过程中，我得到了许多人的帮助。

感谢 Python 爱好者社区创始人梁勇、我的好朋友周威和赵亮对本书提出的修改意见。

感谢机械工业出版社的编辑杨福川和李艺的支持。没有他们的帮助，本书不可能如此顺利地呈现在读者的面前。

Contents 目录

01 CHAPTER

第 1 章

全面认识 ECharts

这是本书的第 1 章，我们先来全面认识 ECharts。本章内容包括 ECharts 概述、发展历史、特性，以及 ECharts 与同类产品的对比，重点是 ECharts 的各种优秀特性。

1.1 ECharts 概述

前言中提到，ECharts 作为一种商业级数据图表，是一个开源的数据可视化工具，可在 PC 端和移动端的大部分浏览器上使用，由 JavaScript 实现，底层依赖轻量级的矢量图形库 ZRender，在提供多种可视化图表的基础上，让用户可以个性化定制所需图表。

除了百度，使用 ECharts 的机构和企业还有很多，包括国家统计局、国家电网、中国石化、新华社、阿里巴巴、腾讯、小米、凤凰网、网易、新浪、华为、联想、用友、携程、滴滴、唯品会等，如图 1-1 所示。

2012 年，当时的百度凤巢前端技术负责人林峰在项目中使用 Canvas 制作图表，编写出 ZRender。ZRender 在当时是一种全新的轻量级 Canvas 类库（ECharts 正是源自 ZRender)，最开始是为了满足百度公司内部商业报表需求而设计的。

之后，百度组建了百度商业前端通用技术组，而数据可视化成为该技术组的重要研究内容，并在内部成立了可视化团队。

ECharts 官网至今仍展示着那些在 ECharts 背后贡献巨大的贡献者们，包括沈毅、宿爽、羡辙、德清、王俊婷、林峰、董睿、黄后锦、苏思文、王忠祥、巫枫等。

图 1-1　正在使用 ECharts 的机构和企业

2013 年 6 月 30 日，ECharts 发布 1.0 版本，并入选“2013 年国产开源软件 10 大年度热门项目”，同时在“2013 年度最新的 20 大热门开源软件”中排到第一名。它支持折线图（区域图）、柱状图（条状图）、饼图（环形图），具有图表混搭、拖曳重计算、数据视图、动态类型切换、图例开关、数据区域选择、标线辅助、多维度堆积等特性。

2014 年，ECharts 推出“ECharts 数说世界杯”，通过多图连动，多维度、多视角对世界杯数据进行可视化分享。同年 6 月，ECharts 与百度地图合作，推出合作项目“百度人气”，使用的是当时尚未发布的 ECharts 2.0 版本。

2014 年 6 月 30 日，ECharts 发布 2.0 大版本。新版本对近 5 万行代码进行了全面重构，从底层的 ZRender 到整个 ECharts，使性能得到 3 倍以上的提升，内存消耗明显降低，更适用于大数据和多图场景，在当时的浏览器大数据场景下测试得到 20 万数据秒级成图。同时，2.0 版本支持状态过渡动画，新增了时间轴、仪表盘、漏斗图这类常用的商业 BI 类图表。

2014 年 8 月 26 日，百度基于 Web 的可视化数据分享平台“百度图说”内测版上线，限量 500 个体验名额，当天即发放完毕。“百度图说”突出所见即所得的编程环境，便捷的分享和协同编辑能力是这个平台的主要亮点，并且极大降低了可视化制作的学习成本。当时的 ECharts 已经为除百度外超过 100 家企业上千个项目提供数据可视化能力支持，如图 1-2 所示。

图 1-2　百度图说首页

2015 年 1 月 30 日，ECharts 2.2.0 发布，修复与升级近 50 项反馈内容，优化了大量移动设备性能和用户体验，同时 ECharts 第一个官方分支版本 ECharts Mobile（ECharts-m）1.0.0 发布。

2015 年 4 月 30 日，ECharts 2.2.2 版本发布，新增韦恩图、矩形树图。值得特别指出的一点是，团队发布了 ECharts 在线构建工具，实现个性化定制需要的图表代码从而解决了使用全部代码导致体积过于庞大的问题。

2015 年 6 月 1 日，ECharts 2.2.3 版本发布，新增词云图、树图，上线了地图数据在线生成工具。

2015 年 7 月 15 日，ECharts 2.2.6 版本发布，新增热力图、配置项查找工具、表格数据转换工具。

2015 年 12 月 3 日，ECharts 3 beta 版发布，带来了很多变化，例如实现了数据和坐标系的抽象及统一，实现了更深度的交互式数据探索，移动端支持，更丰富的视觉编码手段，精致的动画效果等。

2016 年 6 月 30 日，ECharts 3.2 版本发布，新增刷选、markArea、单轴等组件，优化升级折线图、线图、dataZoom、坐标轴等，引入渐进式渲染和单独高亮层，防止阻塞。

2017 年 4 月 14 日，ECharts GL（原 ECharts X）发布 1.0 alpha，作为 ECharts 的 Web-GL 扩展，提供了三维散点图、飞线图、柱状图、曲面图、地球等多种三维可视化组件。

同年 5 月 26 日，ECharts 发布 3.6.0 版本。新增自定义系列，从此渲染逻辑可以自定义，可以定制更多特殊需求的图表；新增极坐标柱状图；强化 dataZoom 组件，优化区域缩放体验等。

2017 年 6 月 15 日，ECharts 发布 3.6.2 版本，自定义系列支持百度地图扩展；矩形树图支持父节点标签的显示；支持图形元素上鼠标 cursor 样式指定；象形柱图图形界限支持同时设置正负向的值；关系图支持固定力引导布局中的指定节点等。

2017 年 6 月 20 日，ECharts 与阿里 DataV 联袂合作，在 DataV 接入 ECharts 的组件库，如图 1-3 所示。

图 1-3　DataV 接入 ECharts 图表库

2017 年 12 月 22 日，ECharts 和国内另一数据可视化产品——海致 BDP 强强联合，通过输出给 BDP 强大丰富的可视化展示方案，为企业带来更加贴近业务需求的商业智能新玩法。这是继 ECharts 2017 年和阿里 DataV 宣布合作后的又一重要战略合作。

2018 年 1 月 16 日，ECharts 发布 4.0 版本，全新 8 项新特征，包括千万级数据可视化渲染能力、SVG+Canvas 双引擎、全新旭日图、数据与样式分离、更扁平的配置项、无障碍访问支持、微信小程序支持、PowerPoint 插件。同一天，ECharts GL 1.0 正式版发布，极大提升了稳定性、易用性，更加丰富的功能，轻松满足数据大屏、智慧城市、VR、AR 等高质量展示需求。同时，全新品牌“百度数据可视化实验室”正式成立。

2018 年 3 月，全球著名开源社区 Apache 基金会宣布“百度开源的 ECharts 项目全票通过进入 Apache 孵化器”。

2019 年 12 月 7 日，ECharts 首场线下交流会在上海举办。

2020 年 5 月 26 日，ECharts 4.8.0 版本发布。作为连续 3 年（2017—2019 年）荣获最受欢迎中国开源软件之一，ECharts 的应用会更加广泛。

1.2　ECharts 的特性

ECharts 有很多优秀特性，这也是 ECharts 能够如此受欢迎的原因。具体总结如下。

（1）可视化类型丰富

ECharts 提供了很多图的实现方式，包括折线图、柱状图、散点图、饼图、K 线图、箱线图、地图、热力图、线图、关系图、矩形树图、旭日图、漏斗图、仪表盘等。

除此之外，ECharts 还提供了自定义系列，从而能扩展出不同的图表。

（2）支持多种数据格式

在 ECharts 4.0 以上版本，ECharts 的 dataset 属性支持传入的数据格式除了二维表，还有键值对等。

（3）千万数据前端流畅展现

ECharts 4.0 以上版本的增强渲染技术实现了千万数据量展现时仍然可流畅交互，如缩放和平移等操作。对流加载的支持使数据可以分块加载与渲染，用户体验更佳。

（4）动态数据的动画展示

当数据变化时，ECharts 通过内部合适的动画变化展现出新数据的可视化，常常配合时间序列数据展现，如图 1-4 所示。

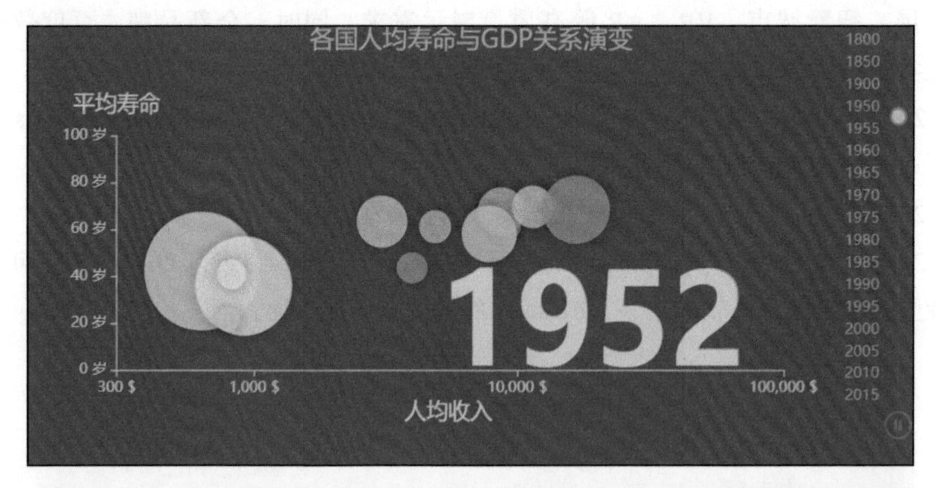

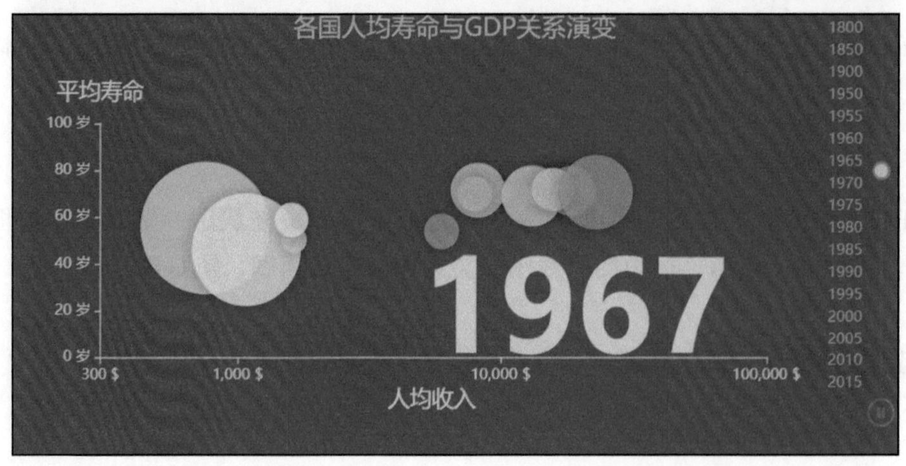

图 1-4　ECharts 时间轴动画效果

（5）更多、更强大的三维可视化

ECharts 提供了 ECharts GL，可以实现三维地球、建筑等可视化效果，可应用在 VR、大屏场景中，效果更加酷炫，如图 1-5 所示。

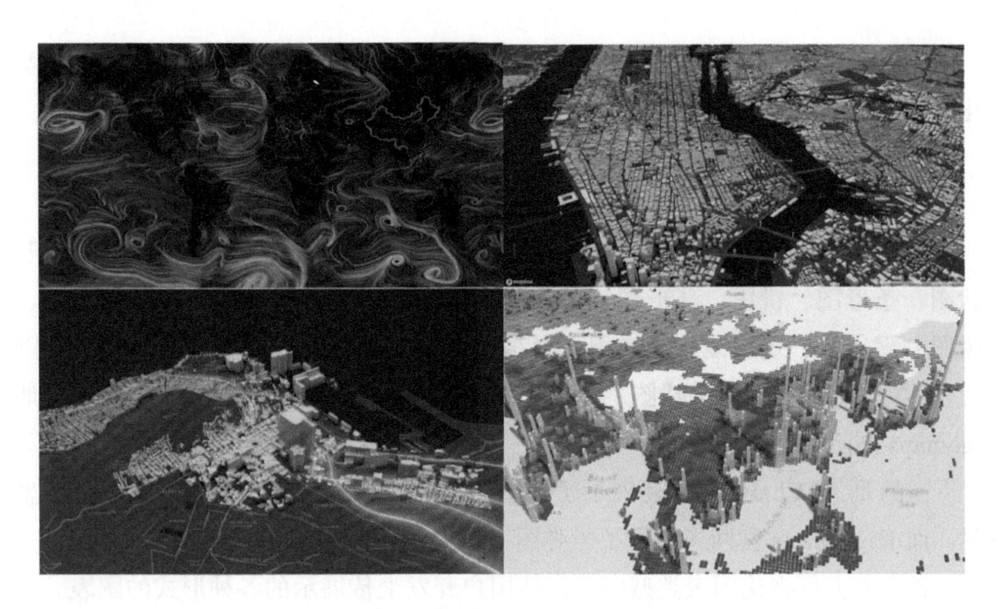

图 1-5　官网提供的 ECharts GL 可视化效果

（6）跨平台适用

ECharts 具有不同的渲染方案，可以在不同平台良好适配。例如，ECharts 4.0 以上版本的 SVG 渲染使得移动端无须担忧内存，Canvas 渲染使 PC 端可以展现大数据量的特效，且 ECharts 4.0 开始适配微信小程序。

（7）数据深度探索

ECharts 支持用户交互挖掘数据中的信息，同时提供图例、视觉映射、数据区域缩放等便捷的交互组件，使用户可以从总览开始挖掘数据展示的细节。

（8）无障碍访问

ECharts 4.0 遵从 W3C 制定的无障碍富互联网应用规范集，支持对可视化生成描述，使盲人可以通过语音了解图表的内容。

除了以上提到的 ECharts 特性，还有更多惊喜存在 ECharts 中，大家在今后的学习使用中可以慢慢挖掘。

1.3 ECharts vs Highcharts

Highcharts 是用 JavaScript 编写的图表库，支持各种常用的可视化。作为同类可视化产品，ECharts 与 Highcharts 的对比如下。

1. 图表种类角度

目前 ECharts 和 Highcharts 的官网展示的共有可视化图表包括折线图、面积图、柱状图、条形图、饼图、环形图、散点图、气泡图、仪表图、关系图、热力图、矩形树图、雷达图、玫瑰图、箱线图、瀑布图、漏斗图、词云图（ECharts 2.0 官网展示）、直方图、甘特图、桑基图、河流图、和弦图、误差图、混合图、3D 图、地图（Highmaps 展示）等。

不同的是，ECharts 官网还展示了树图、路径图、旭日图、象形柱图、日历坐标系等。而 Highcharts 官网还展示了子弹图、蜂巢图等。

注意，以上可视化图表类型中不包括用户开发上传展示的各种形式的图表。

2. 非商业和商业使用角度

ECharts 可免费使用，Highcharts 在个人学习、个人网站和非商业用途使用时免费，在供商业使用时需要付费。

3. 可视化技术角度

最新的 ECharts 支持 Canvas 和 SVG 两种渲染方式，Highcharts 支持 SVG 渲染方式。

SVG 是指可伸缩矢量图形（Scalable Vector Graphic），历史悠久，是一种使用 XML 描述 2D 图形的语言，特点是不依赖分辨率，支持事件处理器，不适合游戏应用。

Canvas 是 HTML5 提供的新元素 <canvas>，它通过 JavaScript 来绘制 2D 图形，较新，特点是依赖分辨率，不支持事件处理器，适合图像密集型游戏，对大数据绘图支持较好。

1.4　本章小结

本章首先介绍了 ECharts 的来源及发展历程。然后详细介绍了 ECharts 的诸多特性，包括可视化类型丰富、支持多种数据格式、千万数据前端流畅展现、动态数据的动画展示、更多更强大的三维可视化、跨平台适用、数据深度探索、无障碍访问等。最后将 ECharts 和同类可视化产品 Highcharts 做了对比，得出 ECharts 的免费使用、支持 Canvas 及 SVG 两种渲染方式的特性让 ECharts 更吸引用户的结论。

02 CHAPTER

第2章

搭建开发环境

在本书的第2章，我们先从ECharts的安装开始。本章内容包括如何安装ECharts，如何选择开发工具，如何完成第一幅ECharts作品以及如何使用ECharts官方文档。重点是搭建ECharts开发环境，为后续章节的学习打好基础。

2.1 安装ECharts

首先打开ECharts官网的下载页面（https://echarts.apache.org/zh/download.html），可以看到下载页面如图2-1所示。

方法一：从下载的源代码或编译产物安装

版本	发布日期	从镜像网站下载源码	从 GitHub 下载编译产物
4.8.0	2020/5/25	Source (Signature SHA512)	Dist
4.7.0	2020/3/19	Source (Signature SHA512)	Dist
4.6.0	2019/12/30	Source (Signature SHA512)	Dist
4.5.0	2019/11/19	Source (Signature SHA512)	Dist
4.4.0	2019/10/15	Source (Signature SHA512)	Dist
4.3.0	2019/9/16	Source (Signature SHA512)	Dist
4.2.1	2019/3/21	Source (Signature SHA512)	Dist
4.1.0	2018/8/4	Source (Signature SHA512)	Dist

图2-1　ECharts下载页面

可以任意选择一个版本，这里选择方法一“从下载的源代码或编译产物安装”的方式（我这里选择的是 4.3.0 版本），点击 Source 之后会跳转到具体的下载页面，如图 2-2 所示。

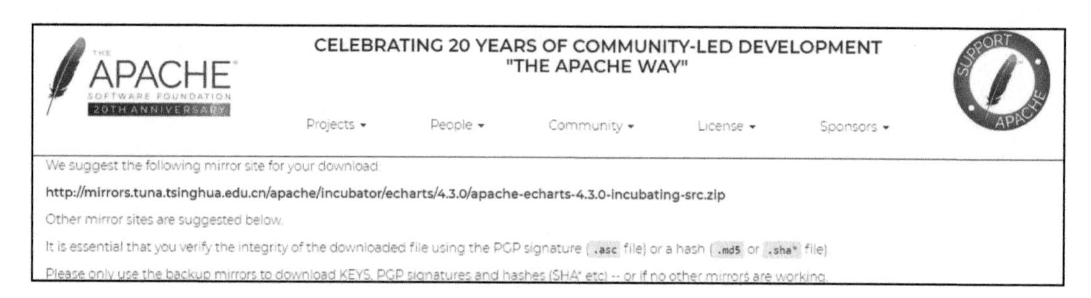

图 2-2　ECharts 具体下载页面

点击图 2-2 中的链接（http://mirrors.tuna.tsinghua.edu.cn/apache/incubator/echarts/4.3.0/ apache-echarts-4.3.0-incubating-src.zip）进行下载。

在本地新建一个文件夹，将下载的安装包复制到该文件夹中，然后在文件夹中解压压缩包，解压后的内容如图 2-3 所示。

名称	修改日期	类型	大小
build	2019/9/8 星期日 ...	文件夹	
extension-src	2019/9/8 星期日 ...	文件夹	
licenses	2019/9/8 星期日 ...	文件夹	
src	2019/9/8 星期日 ...	文件夹	
theme	2019/9/8 星期日 ...	文件夹	
apache-echarts-4.3.0-incubating-src....	2019/10/9 星期...	WinRAR ZIP 压缩...	904 KB
DISCLAIMER	2019/9/8 星期日 ...	文件	1 KB
echarts.all.js	2019/9/8 星期日 ...	JavaScript 文件	7 KB
echarts.blank.js	2019/9/8 星期日 ...	JavaScript 文件	1 KB
echarts.common.js	2019/9/8 星期日 ...	JavaScript 文件	2 KB
echarts.simple.js	2019/9/8 星期日 ...	JavaScript 文件	1 KB
LICENSE	2019/9/8 星期日 ...	文件	12 KB
NOTICE	2019/9/8 星期日 ...	文件	1 KB
package.json	2019/9/8 星期日 ...	JSON 文件	2 KB
RELEASE_NOTE.txt	2019/9/8 星期日 ...	TXT 文件	6 KB

图 2-3　ECharts 安装包解压后的内容

至此你已经成功安装了 ECharts 环境，之后直接调用里面的文件即可使用 ECharts。

2.2　开发工具选择

这里的开发工具指的是编程工具，即使用何种编程工具进行后续的 ECharts 可视化内容制作。选择因人而异，如果你已经有自己喜欢的编程工具，可以继续用该工具编写 ECharts 可视化代码。我个人比较习惯和推荐的是微软的 VS Code，该工具支持多种编程语言的编写。

如果你决定使用 VS Code，可以按照如下步骤下载、安装和使用，当然，你也可以按照其他教程安装 VS Code。

首先打开 VS Code 的下载页面（https://code.visualstudio.com/），如图 2-4 所示。

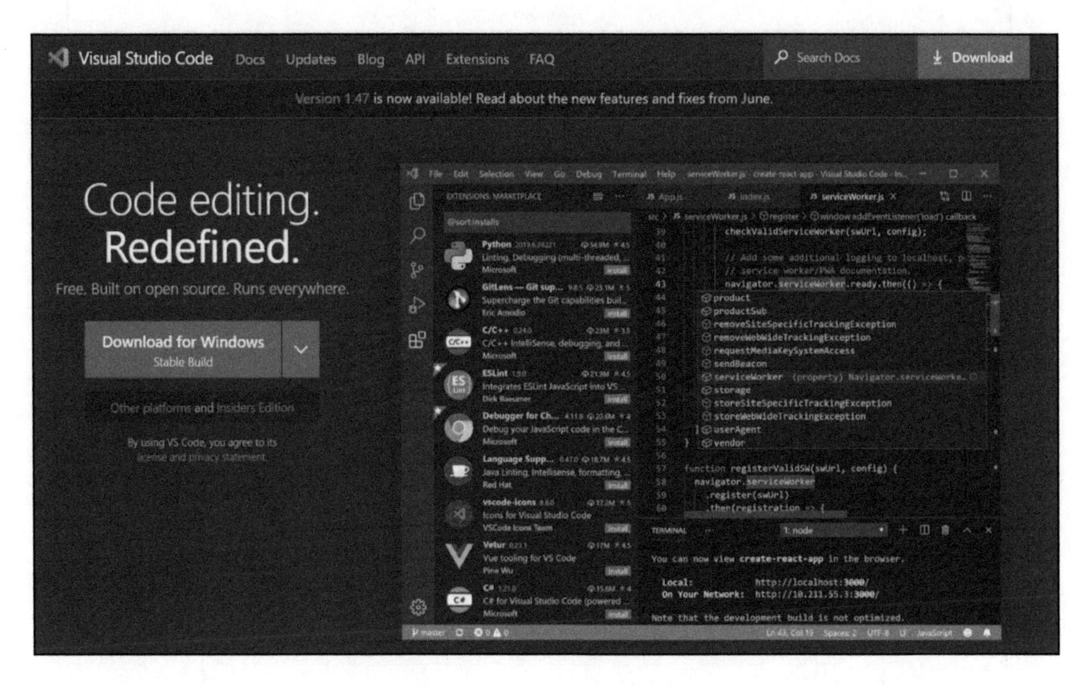

图 2-4　VS Code 下载页面

点击右上角 Download 的蓝色按钮，会跳转到具体的下载页面（https://code.visualstudio.com/Download）。在页面上选择适配电脑系统的安装包，这里选择的是 Windows 的 System Installer 64bit 安装包。不同系统环境安装包页面如图 2-5 所示。

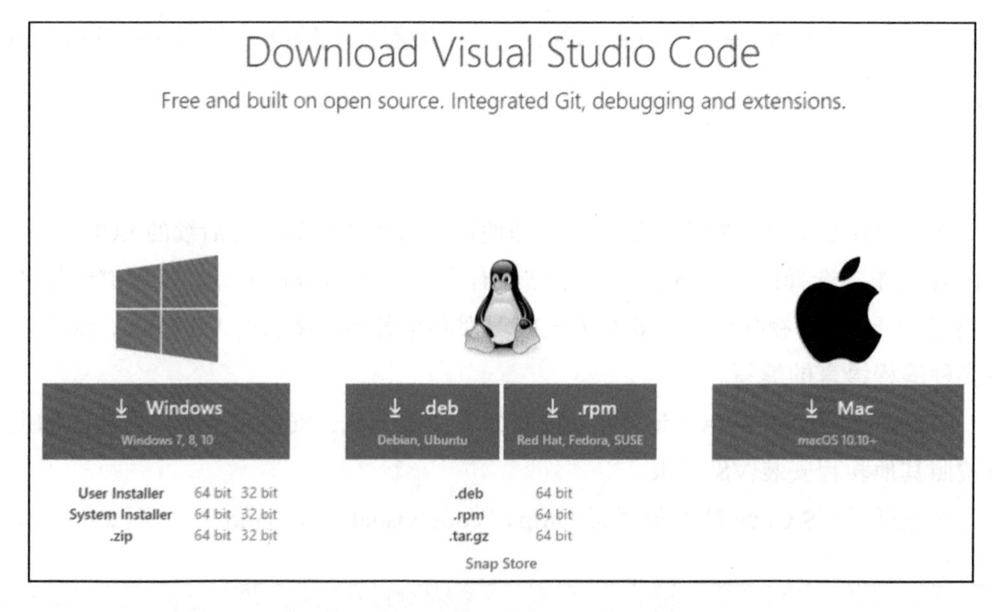

图 2-5 VS Code 不同系统环境安装包页面

下载完成后按照步骤安装，在安装时，首先会出现是否接受协议的对话框，如图 2-6 所示。

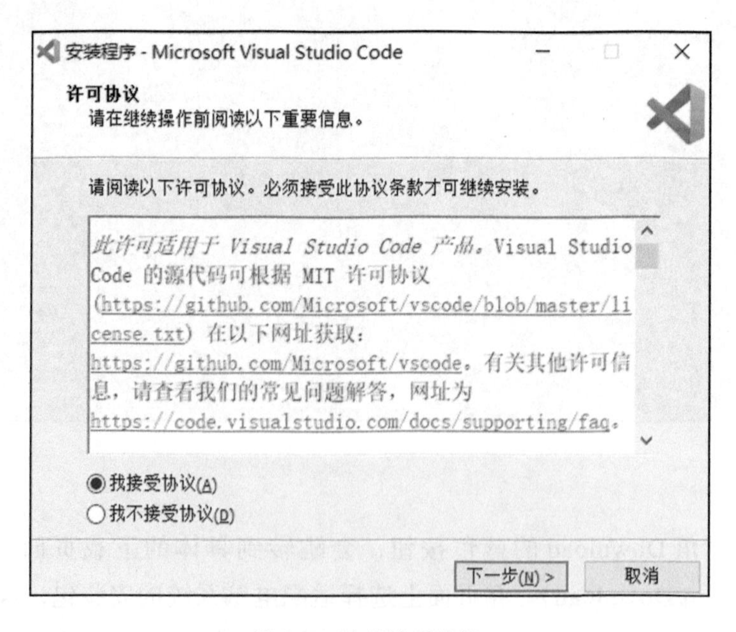

图 2-6 选择接受协议

选中“我接受协议”选项后点击“下一步”按钮，进入选择安装位置界面，如图 2-7 所示。

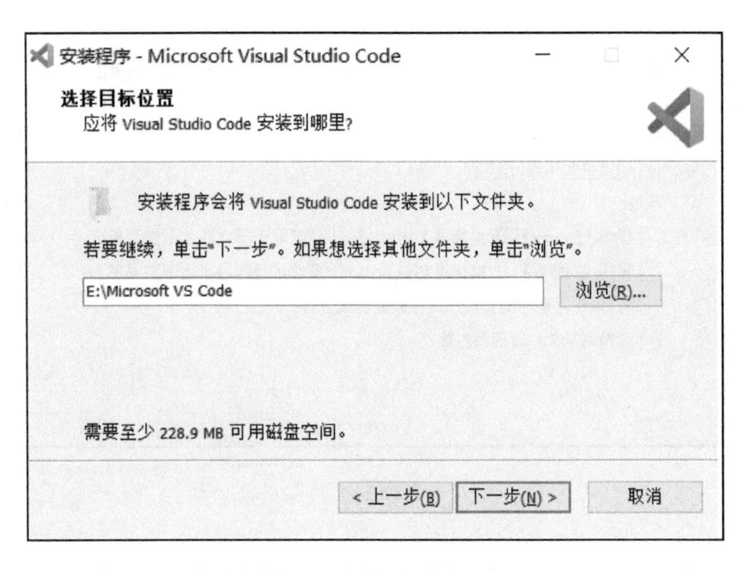

图 2-7　选择安装位置

确认安装位置后，系统会询问是否创建快捷方式以及是否创建其他快捷方式，如图 2-8、图 2-9 所示。

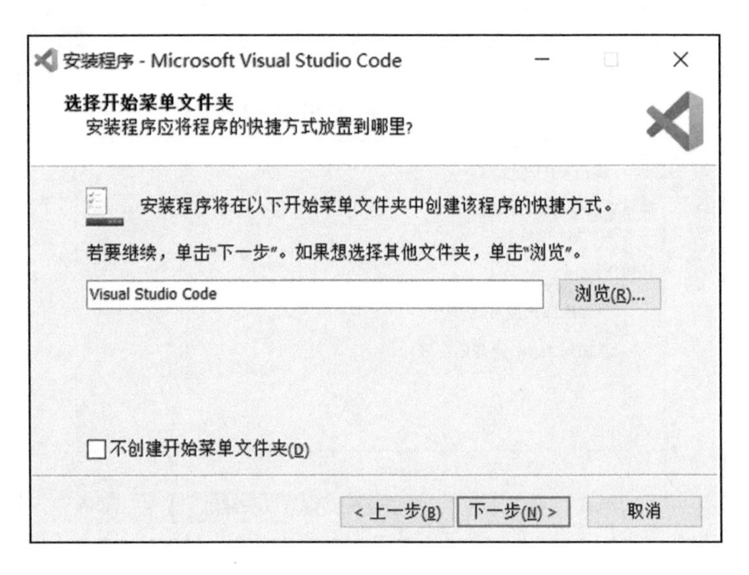

图 2-8　快捷方式选项

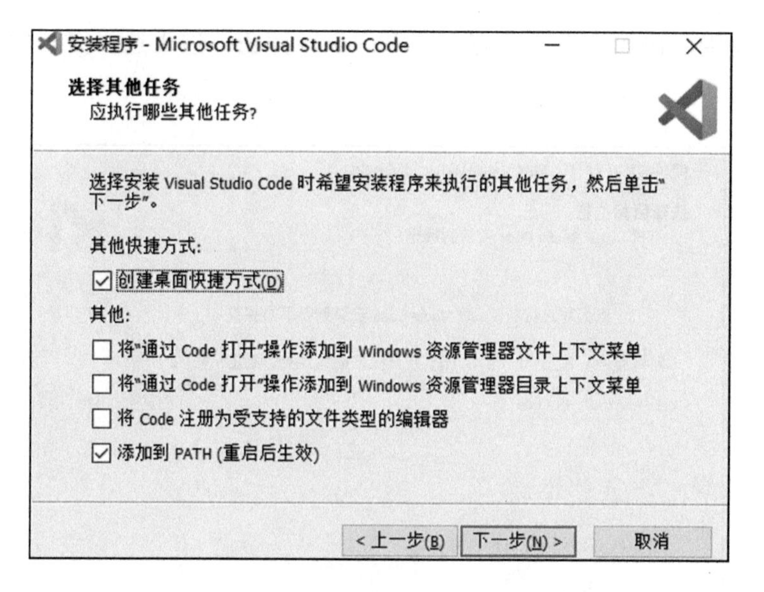

图 2-9　其他安装任务选择

确定上述选项后，在下一个界面点击“安装”按钮就可以开始安装了，如图 2-10 所示。

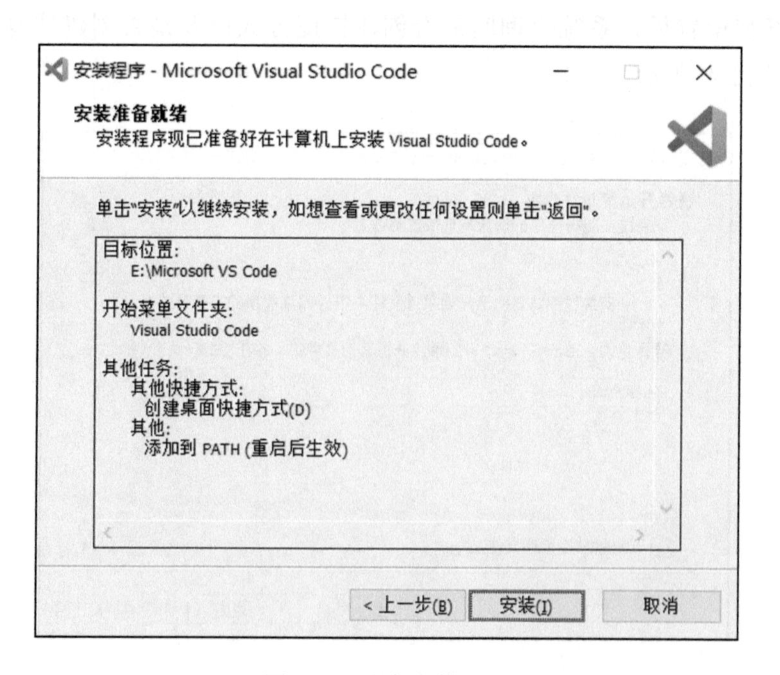

图 2-10　准备安装界面

安装完成后，会显示如图 2-11 所示的界面。

图 2-11　安装完成界面

至此，VS Code 安装完成，如果你的电脑是 Linux 或者 macOS 系统，可以自行搜索网上相关教程进行安装。

2.3　完成一份简单的 ECharts 作品

现在，你是否已经迫不及待想制作一幅 ECharts 可视化图了？如你所愿，我们立刻行动起来！

首先，需要新建一个 HTML 格式的文件。打开 VS Code，依次点击左上角的 File → New File，新建一个文件，如图 2-12 所示。

我们将以下代码输入新建的文件中：

```
<!DOCTYPE html>
<html>
<head>
<meta charset="utf-8">
<!--引入ECharts文件-->
```

```
    <script src="echarts.js">
</script>
</head>
</html>
```

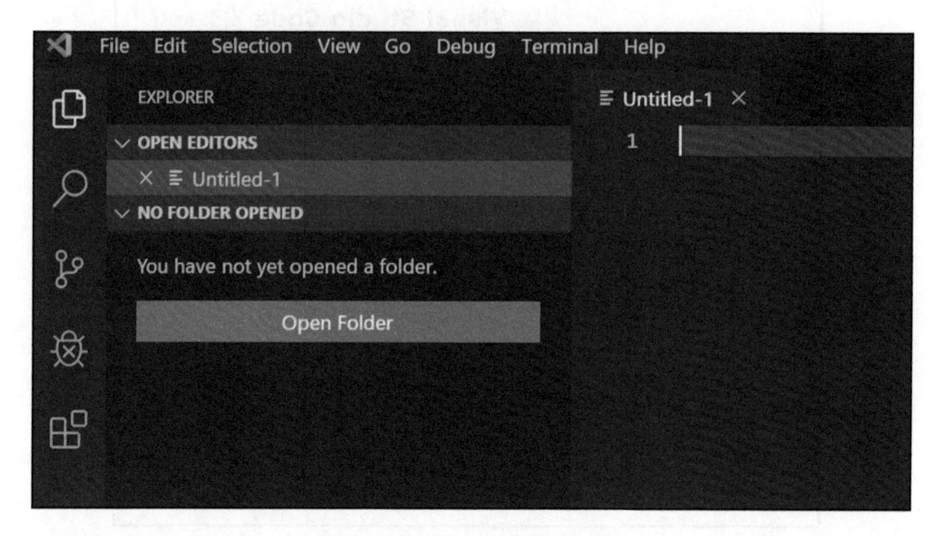

图 2-12　VS Code 新建文件

按 CTRL+S 快捷键，会弹出“保存”按钮，将文件保存到指定的位置，并将文件命名为“Hello ECharts”，文件格式选择“HTML”。

这里相当于将原本没有格式的文件保存为 .html 格式的文件，保存后，文件内容得到 HTML 格式的语法高亮，如图 2-13 所示。

```
Hello ECharts.html
E: > ECharts > ECharts demo > Hello ECharts.html > html
1  <!DOCTYPE html>
2  <html>
3  <head>
4      <meta charset="utf-8">
5      <!-- 引入 echarts 文件 -->
6      <script src="echarts.js"></script>
7  </head>
8  </html>
```

图 2-13　HTML 格式的代码显示

之后补全其他内容，最终输入内容如下：

```
<!DOCTYPE html>
<html>
<head>
    <meta charset="utf-8">
    <title>ECharts</title>
    <!--引入echarts.js -->
    <script src="echarts.js"></script>
</head>
<body>
    <!--为ECharts准备一个具备大小（宽高）的DOM -->
    <div id="main" style="width: 600px; height: 400px;"></div>
    <script type="text/javascript">
        //基于准备好的DOM，初始化ECharts实例
        var myChart = echarts.init(document.getElementById('main'));

        //指定图表的配置项和数据
        var option = {
            title: {
                text: '我的第一幅ECharts可视化图'
            },
            tooltip: {},
            legend: {
                data:['各产品销量情况']
            },
            xAxis: {
                data: ["产品A", "产品B", "产品C", "产品D", "产品E"]
            },
            yAxis: {},
            series: [{
                name: '销量',
                type: 'bar',
                data: [900, 700, 550, 1000, 200]
            }]
        };

        //使用刚指定的配置项和数据显示图表
        myChart.setOption(option);
    </script>
</body>
</html>
```

保存 HTML 文件，并将之前由 ECharts 安装包解压得到的 echarts.js 文件放在该

HTML 文件所在的目录下，如图 2-14 所示。

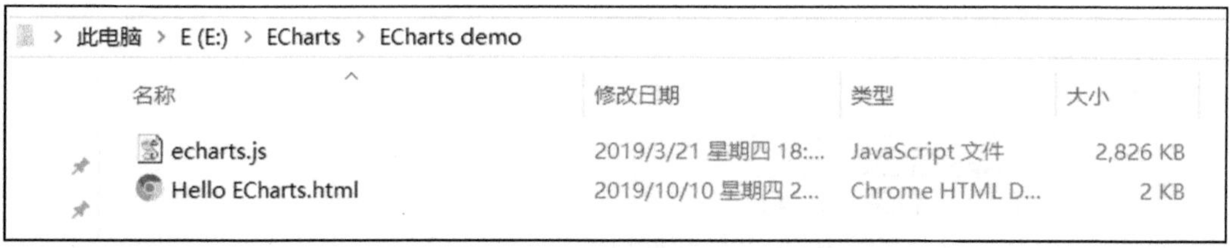

› 此电脑 › E (E:) › ECharts › ECharts demo
名称
修改日期
类型
大小
echarts.js
2019/3/21 星期四 18:...
JavaScript 文件
2,826 KB
Hello ECharts.html
2019/10/10 星期四 2...
Chrome HTML D...
2 KB

图 2-14　目录中的具体内容

使用浏览器（这里使用的是谷歌浏览器）打开该 HTML 文件，显示结果如图 2-15 所示。

文件 | E:/ECharts/ECharts%20demo/Hello%20ECharts.html
我的第一幅ECharts可视化图
1,000
800
600
400
200
0
产品A
产品B
产品C
产品D
产品E

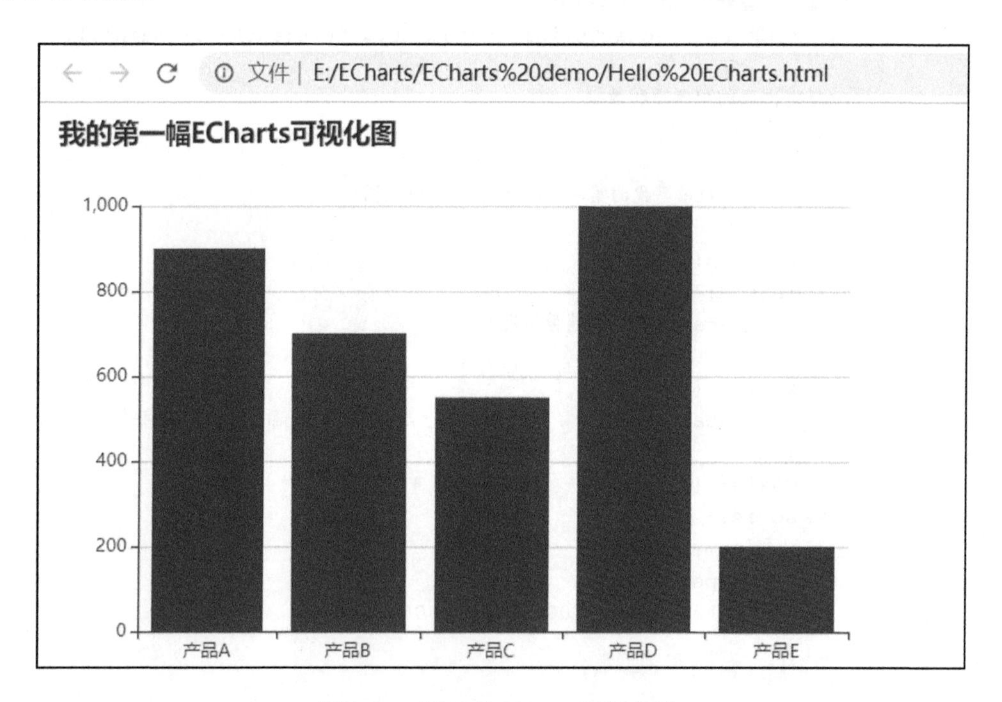

图 2-15　第一幅 ECharts 可视化图

至此，我们就完成了第一幅 ECharts 可视化图。这时你可能会好奇，我们之前绘制图所用的代码是什么含义呢？接下来，让我们一起来解读代码的含义。

首先，整个文档是 HTML 格式文件，所以使用的是 HTML 的语法。<!DOCTYPE> 声明必须位于 HTML5 文档中的第一行，也就是位于 <html> 标签之前，该标签告知浏览器文档所使用的 HTML 规范。如果你没学过 HTML 文件语法格式也没关系，HTML 文件中有很多标签，且标签都是成对出现，例如在下一行出现的 <html> 标签，代码的末尾也有一个 </html> 标签，也就是说 <html> 和 </html> 是一对标签，代表 HTML 文档的开始与结束。

接下来，出现了如下代码块。

```
<head>
    <meta charset="utf-8">
    <title>ECharts</title>
    <!-- 引入 echarts.js -->
    <script src="echarts.js"></script>
</head>
```

我们发现该部分代码块是包含在 <head> 和 </head> 标签对中的。<head> 标签用于定义文档的头部，它是所有头部元素的容器。文档的头部信息均可以放在该标签对中。例如接下来的 <meta charset="utf-8"> 规定了 HTML 文档的字符编码，<title> 标签为标题标签，定义了标题名称为 ECharts，<!-- 引入 echarts.js --> 中的 <!--　--> 代表注释，注释不会被运行，只是为了方便开发者阅读代码。<script src="echarts.js"></script> 中的 <script> 标签的含义是在 HTML 文件中引入 JavaScript 文件，这里引入了 echarts.js 文件。这里引入文件时只有文件名而没有写文件路径的原因是我们已经将该文件放在 HTML 文件所在的文件夹中了。最后以 </head> 标签结束。

之后的代码块包含在 <body> 标签中，<body> 标签包含了一个 HTML 文件的主体部分。

```
<body>
    <!--为ECharts准备一个具备大小（宽高）的DOM -->
    <div id="main" style="width: 600px;height:400px;"></div>
    <script type="text/javascript">
        //基于准备好的DOM，初始化ECharts实例
        var myChart = echarts.init(document.getElementById('main'));

        //指定图表的配置项和数据
        var option = {
            title: {
                text: '我的第一幅ECharts可视化图'
            },
```

```
                tooltip: {},
                legend: {
                    data:['各产品销量情况']
                },
                xAxis: {
                    data: ["产品A","产品B","产品C","产品D","产品E"]
                },
                yAxis: {},
                series: [{
                    name: '销量',
                    type: 'bar',
                    data: [900, 700, 550, 1000, 200, 850]
                }]
            };

            //使用刚指定的配置项和数据显示图表
            myChart.setOption(option);
        </script>
    </body>
```

<div> 标签定义 HTML 文档中的分隔（division）或部分（section）。这里是作为一个容器来盛放 ECharts 的内容，这个容器的宽度为 600px，高度为 400px。

之后的部分包含在 <script></script> 标签对中，表示这部分引入了 JavaScript，然后是基于准备好的容器来初始化 ECharts 实例，option 中的各种内容是 ECharts 的配置项，包括常见的绘图数据、绘图标题和绘图类型等，这也是我们今后要学习的重点内容。

2.4 学会使用 ECharts 官方文档

在学习一门技术时，官方文档是一个系统的学习资源，但是对于基础水平参差不齐的学习者来说，很多技术的官方文档并不能做到因人而异。本书的初衷之一就是帮助大家从入门 ECharts 到使用官方文档来进阶 ECharts。让我们马上行动起来吧！

首先，ECharts 的官网的菜单栏“文档”选项中包含几个部分，如图 2-16 所示。

当打开“特性”页面时，会显示 ECharts 的优秀特性介绍，其中部分特性已经在第 1 章有过相关介绍。

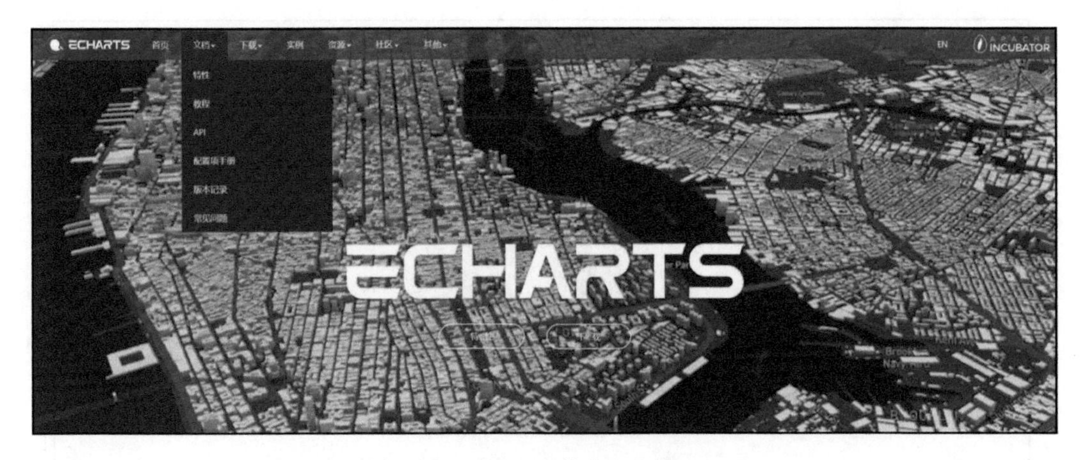

图 2-16 ECharts 的官方文档入口

当打开“教程”页面时，可以看到 ECharts 的部分教程。但这部分内容较少，所以这也是我写本书的初衷之一。

当打开“API”页面时，可以看到很多具体的实例和方法，帮助我们使用 ECharts 完成各种功能。建议将这部分内容当作字典来查阅。

当打开“配置项手册”页面时，会发现这里的内容非常多，涉及各种构图元素，例如标题、背景色、图例、绘图数据等，之后的章节会详细介绍这些配置项，包括如何使用配置项增加图中元素和功能，如何调整配置项让显示的内容更合适等。

当打开“GL 配置项手册”页面时，发现这是和 ECharts 绘制 3D 内容相关的配置项。

当打开“版本记录”页面时，可以看到这里记录了 ECharts 的版本更新，但是这里只记录了 3.0.0 版本之后的版本，而 3.0.0 之前的版本记录需要在其他页面查看。当我们点击任意一个版本记录时，可以看到该版本具体做了什么，例如增加了功能或者优化了性能等。

在菜单栏的“资源”选项包含“术语速查手册”。当打开“术语速查手册”页面时，可以看到它提供了这样一个功能：当用户的鼠标悬停在图表的某个元素上时，右边会出现该元素是由哪个具体的配置项组成的。例如，当鼠标悬停在 x 轴的坐标文字上时，右边显示“坐标轴刻度标签”，并给出配置的具体参数，如图 2-17 所示。

除此之外，该页面还提供了各种类型图、坐标系、组件的文档速查链接，如图 2-18 所示。当你点击想要查询的内容时，会跳转到具体的配置项页面。

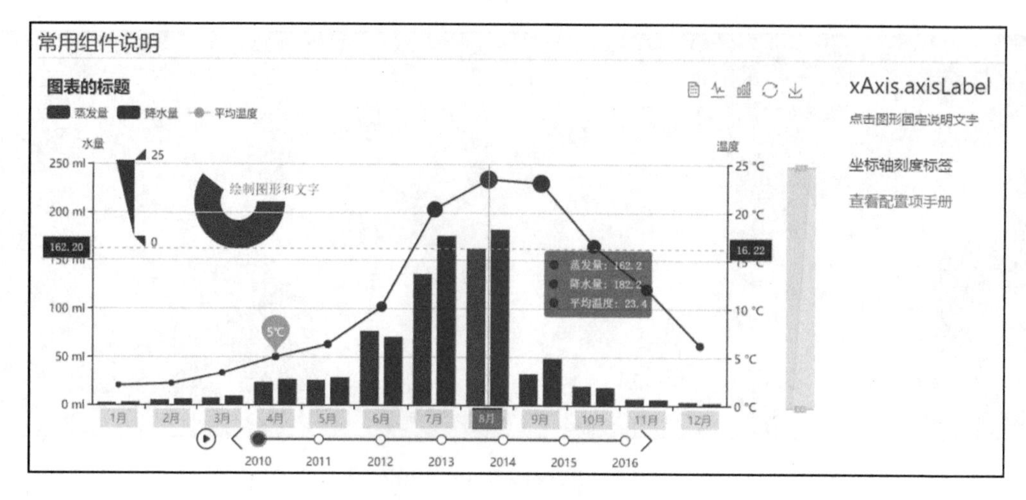

图 2-17　术语速查手册

图 2-18　速查快捷引导

2.5 本章小结

本章内容浅显易懂，从ECharts的环境安装开始，搭建并实现一个简单的ECharts可视化图，充分体现了ECharts使用的便捷性。在制作一幅简单的ECharts作品时，我们提到了HTML文件格式的几个部分，如<html>、<head>、<body>等标签包含的内容，并且提出了在HTML文件中引入ECharts时需要放在由<script>引入的JavaScript中。在2.4节，我们讲述了ECharts官方文档的各部分内容，帮助大家了解各部分的含义和作用。

03 CHAPTER

第3章

ECharts 组件详解

在本章中，我们将学习 ECharts 的常用组件，这些组件包括标题、提示框、工具栏、图例、时间轴、数据区域缩放、网格、坐标轴、数据系列、全局字体样式等。通过学习这些常用组件，我们可以了解一幅可视化作品的关键组成部分，为之后的深入学习打好坚实基础。所谓磨刀不误砍柴工，我们在绘制数据可视化图表之前，有必要先学习 ECharts 数据可视化的相关组件和内容。

3.1 标题

在 ECharts 中，标题一般包括主标题和副标题，标题的相关参数配置可以在 option 中的 title 内配置。下面列举一些常用的参数，具体说明如下。

- text：主标题文本，支持用 \n 换行。
- subtext：副标题文本，支持用 \n 换行。
- left：与容器左侧的距离，其取值可以是具体像素值，例如 10；也可以是相对于容器的百分比值，例如 10%；还可以是更常用的 left、center、right，可以理解为左对齐、居中、右对齐。
- show：是否显示标题组件，取值为布尔型数据，默认为 true。

更多参数和配置可以在官网的文档（配置项）中查看。

我们在第 2 章的基础上单独对 title 的内容进行设置，代码如下：

```
title: {
    text: '这是主标题',
    subtext: '这是副标题',
    left: 'center'//居中显示
}
```

代码中设置了主标题和副标题的内容，并且让它们居中显示，效果图如图 3-1 所示。

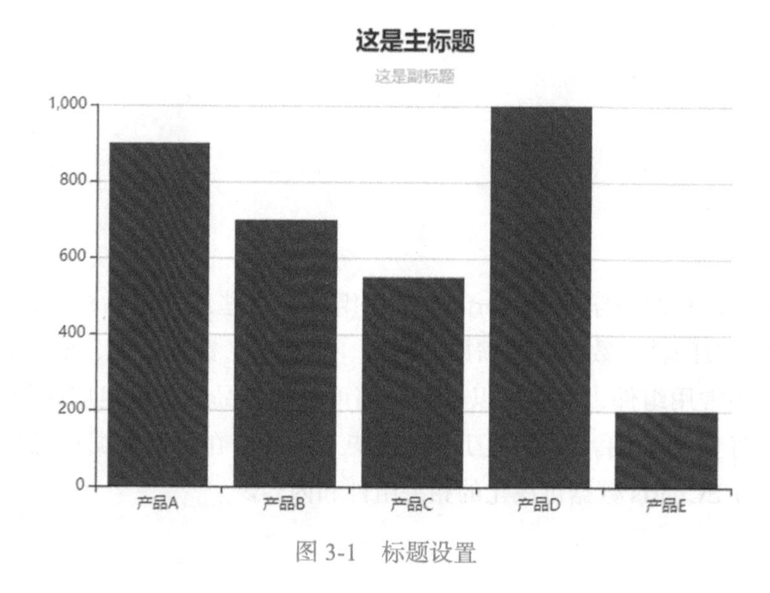

图 3-1 标题设置

3.2 提示框

在 ECharts 中，提示框组件称为 tooltip，它的作用是在合适的时机向用户提供相关信息。下面列举一些常用的参数，具体说明如下。

- trigger：触发类型，可选的参数有 item（图形触发）、axis（坐标轴触发）、none（不触发）。
- formatter：提示框浮层内容格式器，一般使用字符串模板，模板变量有 {a}，{b}，{c}，{d}，{e}，分别表示系列名、数据名、数据值等。其中变量 {a}，{b}，{c}，{d} 在不同图表类型下代表的数据含义如下所示。
    - 折线（区域）图、柱状（条形）图、K 线图：{a}（系列名称），{b}（类目值），{c}（数值），{d}（无）。
    - 散点图（气泡）图：{a}（系列名称），{b}（数据名称），{c}（数值数组），{d}（无）。

○ 地图：{a}（系列名称），{b}（区域名称），{c}（合并数值），{d}（无）。
○ 饼图、仪表盘、漏斗图：{a}（系列名称），{b}（数据项名称），{c}（数值），{d}（百分比）。

注意，在后续具体讲解可视化图时会对这些模板做相应的讲解。

❑ axisPointer：坐标轴指示器配置项，type 是该参数的子参数，作用为设置指示器类型，取值可选 line（直线指示器），shadow（阴影指示器），cross（十字准星指示器），none（无指示器）。
❑ show：是否显示提示框组件，取值为布尔型数据，默认为 true。

关于参数和配置的更多内容可以在官网的文档（配置项）中查看。

我们在 3.1 节的基础上对 tooltip 的内容进行修改，代码如下：

```
tooltip: {
    trigger: 'axis',
    axisPointer: {
        type: 'shadow'
    }
}
```

修改后的效果如图 3-2 所示，当移动鼠标时，提示框会显示相关信息。注意这里使用的是阴影效果。

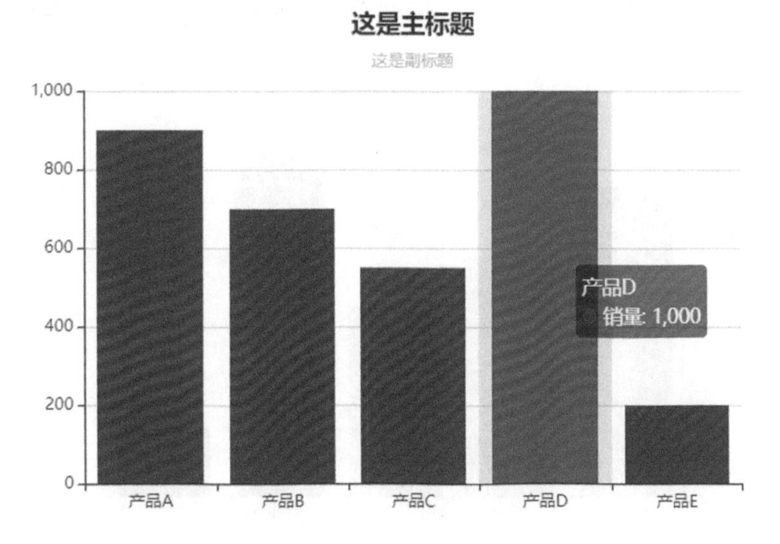

图 3-2　提示框设置

3.3 工具栏

在 ECharts 中，工具栏组件称为 toolbox。通过设置工具栏，我们可以将可视化下载到本地，或者查看可视化的底层数据等。下面列举一些常用的参数，具体说明如下。

- show：是否显示工具栏组件，取值为布尔型数据，默认为 true。
- feature：各工具配置项，其中包含很多常用的子参数，例如 saveAsImage、restore、dataView、magicType 等。其中，saveAsImage 是将可视化结果保存在本地，restore 是将可视化还原到初始的设置，dataView 可以看到可视化的底层数据视图，magicType 则可以将一种可视化转为另一种可视化。

关于参数和配置的更多内容可以在官网的文档（配置项）中查看。

我们在 3.2 节的基础上对 toolbox 的内容进行修改，代码如下：

```
toolbox: {
    show : true,
    feature : {
        mark : {show: true},
        dataView : {show: true, readOnly: false},
        magicType: {show: true, type: ['line', 'bar']},
        restore : {show: true},
        saveAsImage : {show: true}
    }
}
```

修改后的效果如图 3-3 所示，可以看到在该图的右上角出现了工具栏。

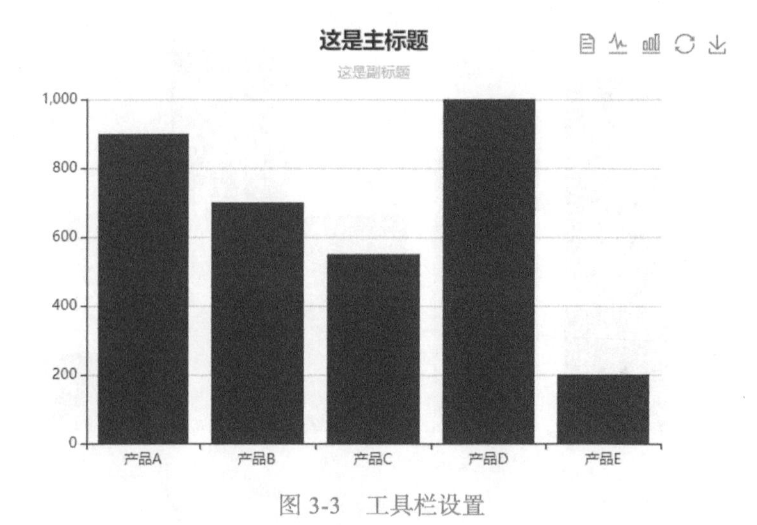

图 3-3 工具栏设置

当点击工具栏中的第一个工具“数据视图”时，会呈现出底层的数据，如图 3-4 所示。

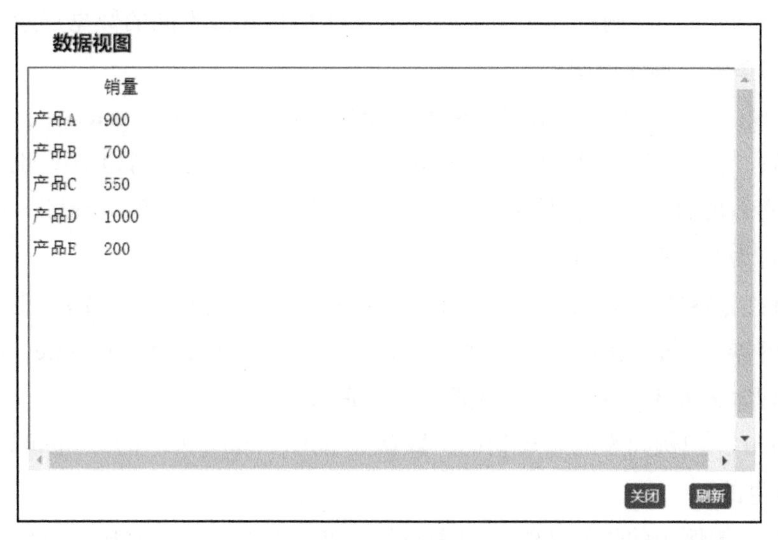

图 3-4 数据视图

当点击第二个工具“转换为折线图”时，可以看到柱状图变为折线图，如图 3-5 所示。

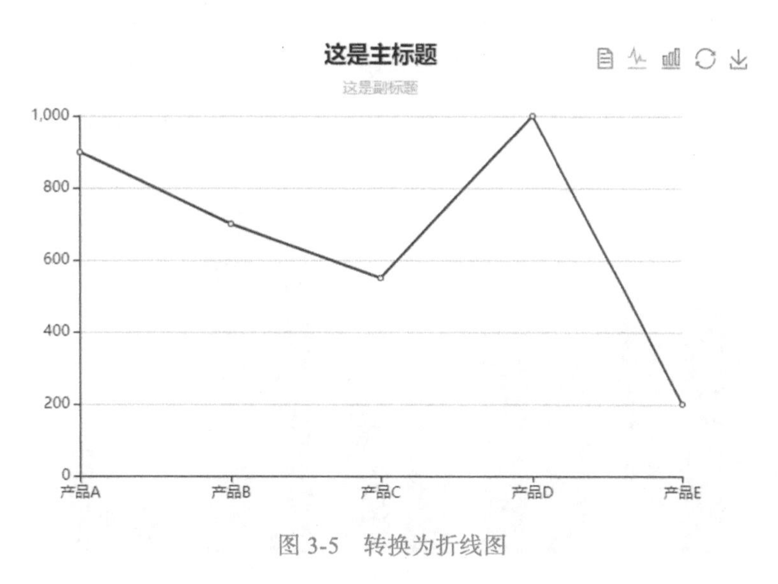

图 3-5 转换为折线图

点击下载按钮，即可将可视化以图片形式保存在本地。

3.4 图例

在 ECharts 中，图例组件称为 legend，其作用是区分不同的数据展示。下面列举一些常用的参数，具体说明如下。

- show：是否显示图例组件，取值为布尔型数据，默认为 true。
- left：与容器左侧的距离，其取值可以是具体像素值，例如 10；也可以是相对于容器的百分比值，例如 10%；还可以是更常用的 left、center、right，可以理解为左对齐、居中、右对齐。
- top：与容器顶部的距离，其取值可以是具体像素值，例如 10；也可以是相对于容器的百分比值，例如 10%；还可以是更常用的 top、middle、bottom，可以理解为处于顶部、处于中部、处于底部。
- orient：图例列表的布局朝向，默认是 horizontal（水平的），也可以是 vertical（竖直的）。
- data：图例中的数据数组，通常与数据展示的系列一一对应，具体使用方法可参见下面的例子。

关于参数和配置的更多内容可以在官网的文档（配置项）中查看。

例如在商品可视化时，我们使用柱状图展示商品的销量和进货量，如图 3-6 所示。

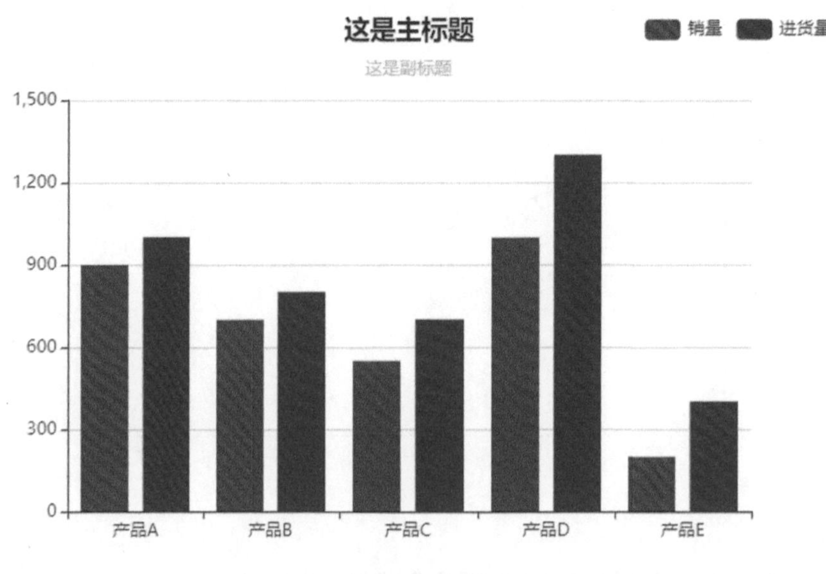

图 3-6 图例

这里用不同颜色的柱子分别表示销量和进货量，为了能区分且和名称对应上，需要使用图例。图3-6的图例展示在右上角。

对应的完整代码如下：

```
<!DOCTYPE html>
<html>
<head>
    <meta charset="utf-8">
    <title>ECharts</title>
    <!--引入echarts.js -->
    <script src="echarts.js"></script>
</head>
<body>
    <!--为ECharts准备一个具备大小（宽高）的DOM -->
    <div id="main" style="width: 600px;height:400px;"></div>
    <script type="text/javascript">
        //基于准备好的DOM，初始化ECharts实例
        var myChart = echarts.init(document.getElementById('main'));

        //指定图表的配置项和数据
        var option = {
            title: {
                text: '这是主标题',
                        subtext: '这是副标题',
                        left: 'center'//居中显示
            },
                    legend: {
                        data: ['销量', '进货量'],
                        left: 'right'
                    },
            tooltip: {
                        trigger: 'axis',
                        axisPointer: {
                            type: 'shadow'
                        }
                    },
            xAxis: {
                data: ["产品A","产品B","产品C","产品D","产品E"]
            },
            yAxis: {},
            series: [{
                name: '销量',
                type: 'bar',
```

```
                data: [900, 700, 550, 1000, 200]
            },
            {
                name: '进货量',
                type: 'bar',
                data: [1000, 800, 700, 1300, 400]
            }
            ]
        };

        //使用刚指定的配置项和数据显示图表
        myChart.setOption(option);
    </script>
</body>
</html>
```

这里使用了柱状图，需要注意的是，在 option 的 series 中包含两项，分别是销量和进货量的数据，而这两部分的 name 参数与 legend 中数组的名称一一对应，保证了可视化图例中的文字和系列能够对应上。

3.5 时间轴

在使用方法上，timeline 和之前介绍的组件略有差异，使用时会存在多个 option，可以将 ECharts 传统的 option 称为原子 option，将使用 timeline 时用到的 option 称为包含多个原子 option 的复合 option。使用 timeline 时的格式可以用下面的代码表示。

```
//在如下代码中，baseOption是一个“原子option”，options数组中的每一项也是一个“原子
//option”。每个“原子option”中就是本文档描述的各种配置项
myChart.setOption(
    {
        baseOption: {
            timeline: {
                ...,
                data: ['time1', 'time2', 'time3']
            },
            title: {
                subtext: ''
            },
            grid: {...},
```

```
        xAxis: [...],
        yAxis: [...],
        series: [
            { //系列一的一些其他配置
                type: 'bar',
                ...
            },
            { //系列二的一些其他配置
                type: 'line',
                ...
            },
            { //系列三的一些其他配置
                type: 'pie',
                ...
            }
        ]
    },
    options: [
        { //这是'time1'对应的option
            title: {
                text: 'time1的数据'
            },
            series: [
                {data: []}, //系列一的数据
                {data: []}, //系列二的数据
                {data: []}  //系列三的数据
            ]
        },
        { //这是'time2'对应的option
            title: {
                text: 'time2的数据'
            },
            series: [
                {data: []},
                {data: []},
                {data: []}
            ]
        },
        { //这是'time3'对应的option
            title: {
                text: 'time3的数据'
            },
            series: [
                {data: []},
                {data: []},
```

```
                        {data: []}
                    ]
                }
            ]
        }
);
```

需要注意的是，建议将共用的配置项设置写在baseOption中，当timeline的时间切换时，会将baseOption作用在每个时间对应的option上，两者合并出当前时间的option。

我们构造一个带timeline的可视化，完整代码如下：

```
<!DOCTYPE html>
<html>
<head>
    <meta charset="utf-8">
    <title>ECharts</title>
    <!--引入echarts.js -->
    <script src="echarts.js"></script>
</head>
<body>
    <!--为ECharts准备一个具备大小（宽高）的DOM -->
    <div id="main" style="width: 600px;height:400px;"></div>
    <script type="text/javascript">
        //基于准备好的DOM，初始化ECharts实例
        var myChart = echarts.init(document.getElementById('main'));

        //指定图表的配置项和数据
        var option = {
        baseOption: {
            timeline: {
                data: ['2017', '2018', '2019']
            },
            title: {
                subtext: ''
            },
            grid: {},
            xAxis: [
                {
                    'type':'category',
                    'data':['A公司','B公司','C公司']
                }
            ],
```

```
            yAxis: [
                {
                    'type':'value'
                }
            ],
            series: [
                { //系列一的一些其他配置
                    type: 'bar'
                }
            ]
        },
        options: [
            { //这是'2017'对应的option
                title: {
                    text: '2017年销量情况'
                },
                series: [
                    {data: [300, 500, 450]} //系列一的数据
                ]
            },
            { //这是'2018'对应的option
                title: {
                    text: '2018年销量情况'
                },
                series: [
                    {data: [500, 600, 1000]}
                ]
            },
            { //这是'2019'对应的option
                title: {
                    text: '2019年销量情况'
                },
                series: [
                    {data: [650, 700, 950]}
                ]
            }
        ]
    };

        //使用刚指定的配置项和数据显示图表
        myChart.setOption(option);
    </script>
</body>
</html>
```

可视化效果如图 3-7 和图 3-8 所示，当点击“开始”按钮时，时间轴会向前推移，

并相应展示当时的数据，这里对比的是不同年份不同公司的商品销量情况。

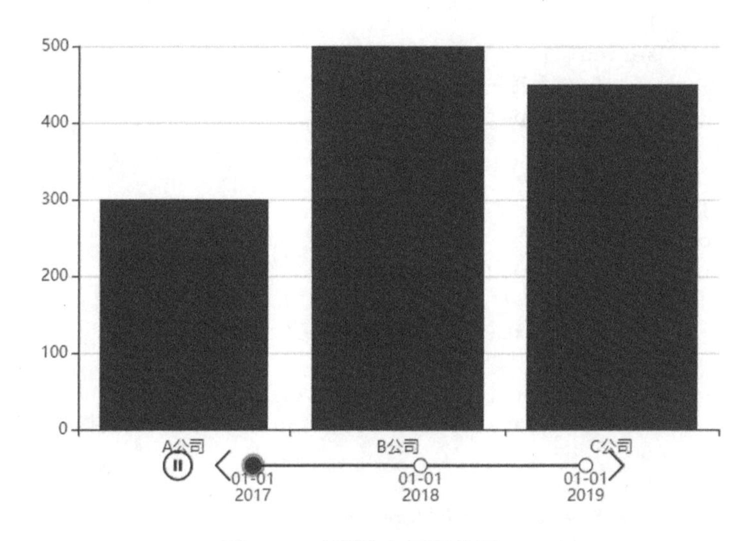

图 3-7　时间轴在开始位置

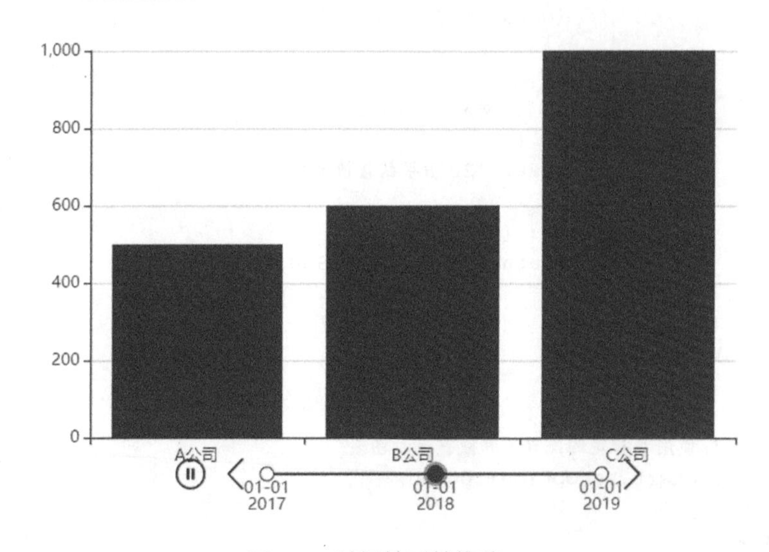

图 3-8　时间轴开始推移

比较常用的参数大多与播放设置相关，例如是否循环播放的 loop 参数，是否反向播放的 rewind 参数，播放速度 playInterval 参数，播放按钮的位置 controlPosition 参数等，更多内容可以在官网的文档（配置项）中查看。

3.6 数据区域缩放

在 ECharts 中，数据区域缩放组件称为 dataZoom，它的作用是向用户提供区域缩放的功能，使用户可以通过区域缩放概览数据的整体情况，也能关注数据的细节。

目前 ECharts 支持的区域缩放组件有如下几种：

- 滑动条型数据区域缩放组件（dataZoomSlider）
- 内置型数据区域缩放组件（dataZoomInside）
- 框选型数据区域缩放组件（dataZoomSelect）

1. 滑动条型数据区域缩放组件

滑动条型数据区域缩放组件比较常用的参数有以下几个。

1）xAxisIndex：指定控制的 *x* 轴。如果一个可视化中有多个图表，我们的区域缩放组件控制的是哪个轴呢？此时就需要指定这个参数的取值：如果取值是一个数字，则控制的是一个轴；如果取值是一个数组，那么控制的是多个轴。下面我们来看以下示例代码：

```
option: {
    xAxis: [
        {...}, //第一个xAxis
        {...}, //第二个xAxis
        {...}, //第三个xAxis
        {...}  //第四个xAxis
    ],
    dataZoom: [
        { //第一个dataZoom组件
            xAxisIndex: [0, 3] //表示这个dataZoom组件控制第一个和第四个xAxis
        },
        { //第二个dataZoom组件
            xAxisIndex: 2       //表示这个dataZoom组件控制第三个xAxis
        }
    ]
}
```

此时第一个dataZoom组件控制的是第一个和第四个xAxis，而第二个dataZoom组件控制的是第三个xAxis。

除了xAxisIndex，也有yAxisIndex，用法类似，这里不再赘述。

2）filterMode：过滤模式，dataZoom数据窗口缩放的实质是数据过滤，即过滤掉窗口外的内容。

过滤模式有多种，常用可选值如下所示。

- filter：过滤窗口外的数据。当可视化有多个轴时，会影响其他轴的数据范围，对于数据，只要有一个维度在窗口外，就会被过滤掉。
- weakFilter：过滤窗口外的数据。当可视化有多个轴时，会影响其他轴的数据范围，对于数据，只有当其所有维度都在窗口同侧外，才会被过滤掉。
- empty：不会影响其他轴的数据范围。
- none：不过滤数据，只会改变数轴范围。

我们来看一个具体的例子，这里只设置了option：

```
option = {
    dataZoom: [
        {
            id: 'dataZoomX',
            type: 'slider',
            xAxisIndex: [0],
            filterMode: 'filter'
        },
        {
            id: 'dataZoomY',
            type: 'slider',
            yAxisIndex: [0],
            filterMode: 'empty'
        }
    ],
    xAxis: {type: 'value'},
    yAxis: {type: 'value'},
    series:{
        type: 'bar',
        data: [
            //第一列对应X轴，第二列对应Y轴
            [10, 30],
            [20, 50],
            [5, 20],
```

```
            [2, 10]
        ]
    }
    }
```

结果如图 3-9 所示。

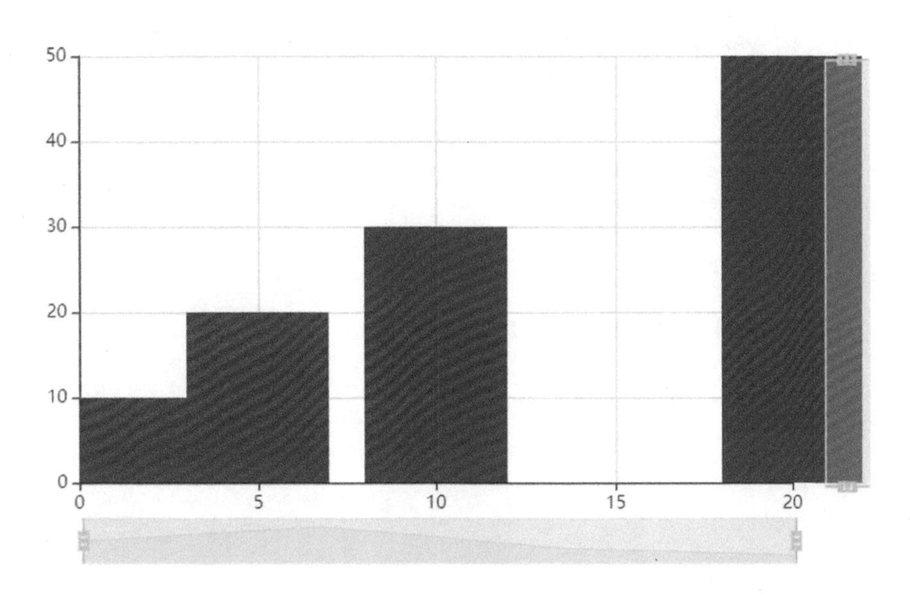

图 3-9　过滤模式

从代码中可以看到，控制 x 轴的缩放模式为 filter，控制 y 轴的缩放模式为 empty，则 x 轴作为主轴，x 的缩放会影响 y 轴数据，y 轴作为辅助轴，y 轴的缩放不会影响 x 轴的数据。可以随意拖动 x 轴或者 y 轴滑动条的两端，或是拖动滑动条，实现窗口数据缩放。

2. 内置型数据区域缩放组件

所谓内置，是指该区域缩放组件是内置在坐标系中的，其参数和上面提到的滑动条型数据区域缩放组件的参数基本一致。将上面代码中的 slider 类型改为 inside 类型，代码如下所示：

```
option = {
    dataZoom: [
        {
            id: 'dataZoomX',
```

```
                type: 'inside',
                xAxisIndex: [0],
                filterMode: 'filter'
            },
            {
                id: 'dataZoomY',
                type: 'inside',
                yAxisIndex: [0],
                filterMode: 'empty'
            }
        ],
        xAxis: {type: 'value'},
        yAxis: {type: 'value'},
        series:{
            type: 'bar',
            data: [
                //第一列对应X轴，第二列对应Y轴
                [10, 30],
                [20, 50],
                [5, 20],
                [2, 10]
            ]
        }
}
```

观察可视化结果，如图 3-10 所示。

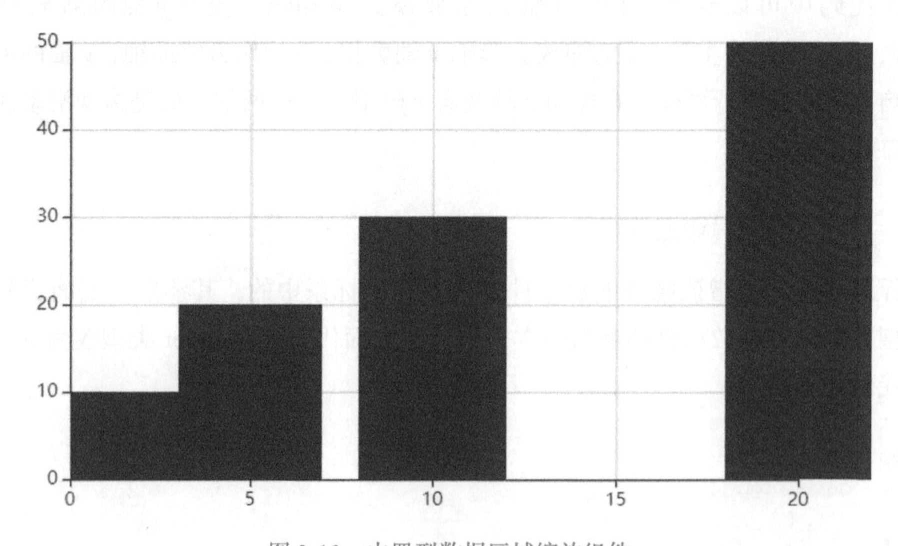

图 3-10　内置型数据区域缩放组件

将鼠标悬停在可视化区域，滚动鼠标滚轮，可以发现可视化数据窗口在变化，所谓内置，其实就是将缩放按键内置在图中，不显式地出现在我们视野中。

3. 框选型数据区域缩放组件

框选型，顾名思义，是通过选框来进行数据区域缩放，该组件在之前提到的toolbox中。下面我们来看个实例。

在之前讲解toolbox时的代码中的toolbox.feature下加入dataZoom : {show: true}，为了看清楚toolbox，还要在toolbox下设置left : 'left'，得到以下的option代码：

```
option = {
    title: {
        text: '这是主标题',
        subtext: '这是副标题',
        left: 'center'//居中显示
    },
    tooltip: {
        trigger: 'axis',
        axisPointer: {
            type: 'shadow'
        }
    },
    toolbox: {
        show : true,
        left : 'left',
        feature : {
            mark : {show: true},
            dataView : {show: true, readOnly: false},
            magicType: {show: true, type: ['line', 'bar']},
            restore : {show: true},
            saveAsImage : {show: true},
            dataZoom : {show: true}
        }
    },
    legend: {
        data:['各产品销量情况']
    },
    xAxis: {
        data: ["产品A","产品B","产品C","产品D","产品E"]
    },
```

```
        yAxis: {},
        series: [{
            name: '销量',
            type: 'bar',
            data: [900, 700, 550, 1000, 200]
        }]
    };
```

观察可视化结果，如图 3-11 所示。

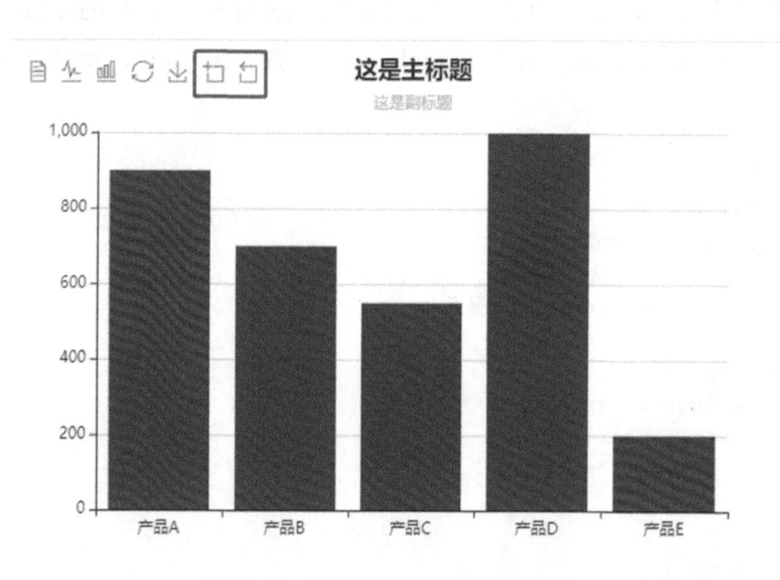

图 3-11　框选型数据区域缩放组件

在左上角的 toolbox 工具箱中，多了两个按钮，分别是“区域缩放”和“区域缩放还原”(见图 3-11 中线框处)，点击“区域缩放”按钮，在可视化图中划出一个区域，即可对数据进行缩放，点击“区域缩放还原”，可以清除缩放并还原到最初的可视化状态。

3.7　网格

可以通过 grid 在可视化坐标系中控制可视化展示时的网格大小，常用的参数除了之前提到的位置参数，如 left、top、right、bottom 等，还有 width(grid 组件的宽度)、height（组件的高度)，两者默认的参数都是 auto，即自适应，当然也可以指定具体数值。关于参数和配置的更多内容可以在官网的文档（配置项）中查看。

我们在 3.1 节的案例代码中加入 grid 组件，option 代码如下：

```
option = {
    grid: [
        {x: '7%', y: '7%', width: '50%', height: '50%'}
    ],
    tooltip: {},
    legend: {
        data:['各产品销量情况']
    },
    xAxis: {
        data: ["产品A","产品B","产品C","产品D","产品E"]
    },
    yAxis: {},
    series: [{
        name: '销量',
        type: 'bar',
        data: [900, 700, 550, 1000, 200]
    }]
};
```

可视化结果如图 3-12 所示，可视化图中可以控制网格的尺寸大小。

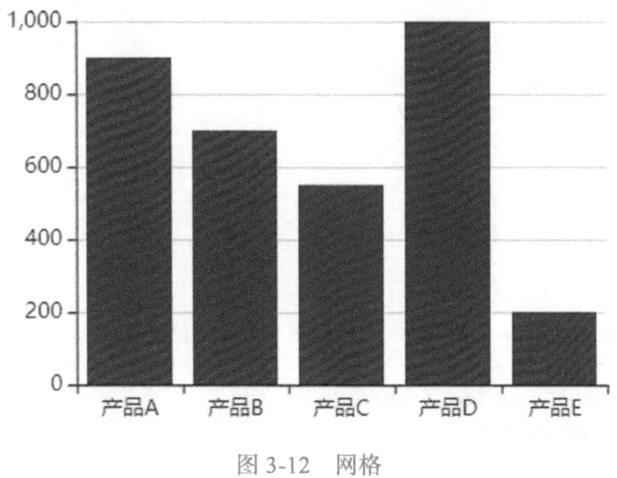

图 3-12　网格

3.8　坐标轴

一般来说，我们最常用的坐标轴是直角坐标系，尤其是二维的直角坐标系，所以横轴（xAxis）和纵轴（yAxis）最常被使用。关于 xAxis 和 yAxis 的常用参数如下所示。

- position：指定 x 轴的位置，可选参数有 top（顶部）和 bottom（底部）。
- type：指定坐标轴的类型。可选参数有四种："value"，表示数值类型的轴，适用于连续型数据；"category"，表示类别类型的轴，适用于离散的类别型数据；"time"，表示时间类型的轴，适用于连续的时间序列数据；"log"，表示对数类型的轴，适用于对数数据。
- name：坐标轴的名称。
- nameLocation：坐标轴的名称显示位置。可选参数有三种："start"，开始位置；"middle"或者"center"，中间位置；"end"，结束位置。

修改 3.1 节的代码，对 option 中的 xAxis 和 yAxis 添加部分参数，加入坐标轴的名称分别为横轴的"产品名称"和纵轴的"产品销量"，并将坐标轴名称都设置为居中显示（center）。加入文字显示时需偏移一定距离的原因是避免坐标轴名称文字与 x 轴、y 轴的刻度上的文字重叠。具体代码如下所示：

```
//指定图表的配置项和数据
var option = {
    title: {
        text: '这是主标题',
            subtext: '这是副标题',
            left: 'center'//居中显示
    },
    tooltip: {},
    legend: {
        data:['各产品销量情况']
    },
    xAxis: {
        data: ["产品A","产品B","产品C","产品D","产品E"],
            name:'产品名称',
            nameLocation:'center',
            nameGap:35
    },
    yAxis: {
            name:'产品销量',
            nameLocation:'center',
            nameGap:40
        },
    series: [{
```

```
            name: '销量',
            type: 'bar',
            data: [900, 700, 550, 1000, 200]
        }]
    };
```

可视化结果如图 3-13 所示。

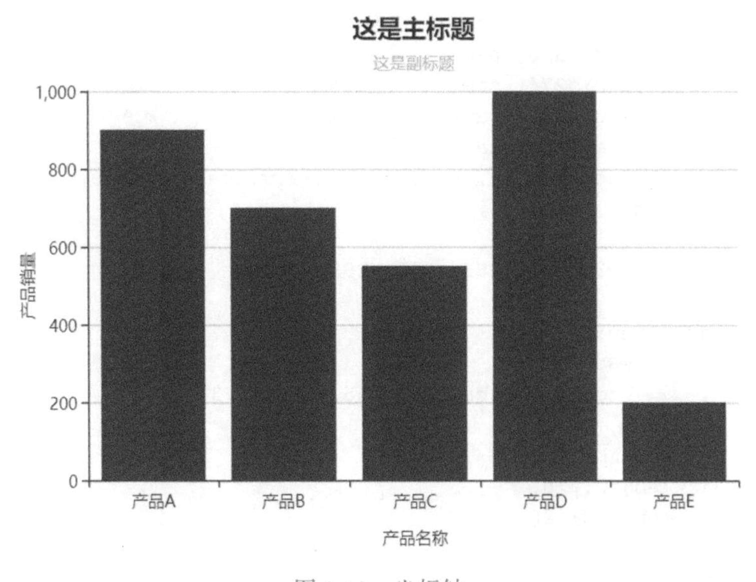

图 3-13 坐标轴

3.9 数据系列

一个图表可能包含多个系列，每一个系列可能包含多个数据，所以数据系列（series）主要作为数据的容器。

对于每种可视化图表，series 的形式并不完全相同。下面来看一个饼图（pie）的 series 结构。

series 是一个数组结构，使用中括号，中括号内的每个部分用大括号包含，每个大括号类似一个字典结构，包含键（key）和值（value）。例如代码中的 name 为键，“访问来源”为值；type 指定了图为 pie（饼图）；radius 指定了饼图的半径大小，以图在图框中的占比表示大小；data 中包含了饼图中每块饼的数据内容。除此之外，还有一些样式相关的设置，代码如下所示。

```
series: [
    {
        name: '访问来源',
        type: 'pie',
        radius: '55%',
        center: ['50%', '50%'],
        data: [
            {value: 335, name: '直接访问'},
            {value: 310, name: '邮件营销'},
            {value: 274, name: '联盟广告'},
            {value: 235, name: '视频广告'},
            {value: 400, name: '搜索引擎'}
        ].sort(function (a, b) { return a.value - b.value; }),
        roseType: 'radius',
        label: {
            color: 'rgba(255, 255, 255, 0.3)'
        },
        labelLine: {
            lineStyle: {
                color: 'rgba(255, 255, 255, 0.3)'
            },
            smooth: 0.2,
            length: 10,
            length2: 20
        },
        itemStyle: {
            color: '#c23531',
            shadowBlur: 200,
            shadowColor: 'rgba(0, 0, 0, 0.5)'
        },

        animationType: 'scale',
        animationEasing: 'elasticOut',
        animationDelay: function (idx) {
            return Math.random() * 200;
        }
    }
]
```

3.10 全局字体样式

在制作可视化时，常常会用到文字展示，此时选择一种合适字体的样式与可视化搭配显得尤为重要。

在全局字体样式（textStyle）中，我们可以定义全局的字体样式显示，常用的参数及其说明如下所示。

- color：文字的颜色，例如 textStyle.color = "#fff"。
- fontStyle：文字字体的风格，可选值有 normal、italic、oblique。
- fontWeight：文字字体的粗细，可选值有 normal、bold、bolder、lighter、100、200 等数值。
- fontFamily：文字的字体系列，可选值有 sans-serif、serif、monospace、Arial、Courier New、Microsoft YaHei 等。
- fontSize：文字的字体大小，取值为数值，例如 12。

修改 3.1 节中的代码，加入 textStyle，设置字体的颜色为蓝色（blue），字体加粗显示（bolder），字体样式为微软雅黑（Microsoft YaHei），可视化结果如图 3-14 所示。

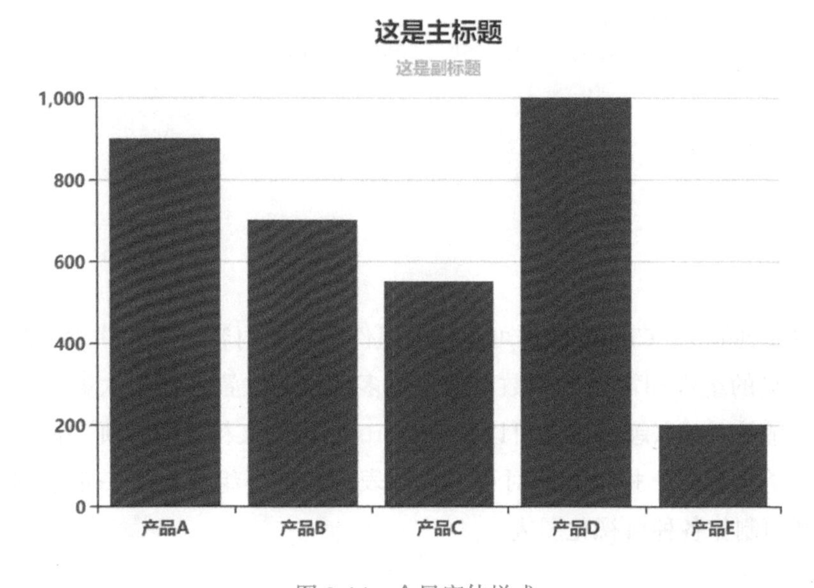

图 3-14　全局字体样式

具体的代码如下所示：

```
//指定图表的配置项和数据
    var option = {
        title: {
```

```
        text: '这是主标题',
        subtext: '这是副标题',
        left: 'center'//居中显示
    },
    tooltip: {},
    legend: {
        data:['各产品销量情况']
    },
    xAxis: {
        data: ["产品A","产品B","产品C","产品D","产品E"]
    },
    yAxis: {},
    textStyle:{
        color:'blue',
        fontWeight:'bolder',
        fontFamily:'Microsoft YaHei'
        },
    series: [{
        name: '销量',
        type: 'bar',
        data: [900, 700, 550, 1000, 200]
    }]
};
```

3.11 本章小结

本章主要讲解了 ECharts 数据可视化的组件和相关内容。需要注意的是，我们介绍的仅为常见的组件和常见的参数取值，更多细致的设置还需要大家在今后的学习中慢慢摸索感受。感兴趣的读者可以到 ECharts 官网的文档（配置项）中查看。

在学习了本章后，相信大家对可视化图表的各部分组成有了一定了解，下面我们将学习如何制作各种可视化图表。

04 CHAPTER

第4章

ECharts 可视化图

在第3章，我们学习了ECharts可视化的各种常用组件，本章我们将学习ECharts的各种可视化图。通过本章的学习，读者可以掌握ECharts提供的各类基础可视化图，为之后的复杂可视化图打下坚实基础。

在正式学习之前，先来了解一个ECharts官网提供的很好用的功能。该功能可以实时显示代码的效果，使用方法说明如下。

首先，打开ECharts官网，在“实例”菜单中（https://echarts.apache.org/examples/zh/editor.html?c=area-stack）选择任意一个图，如图4-1所示。

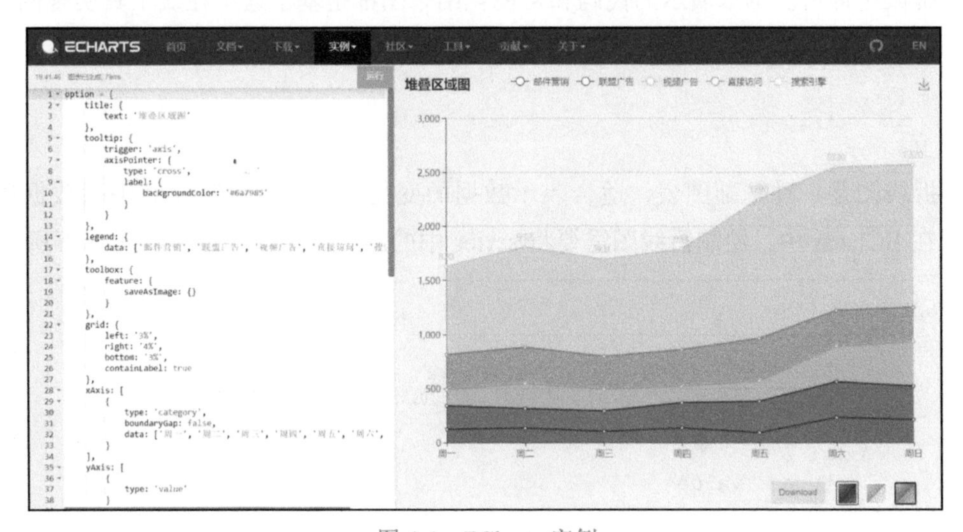

图4-1　ECharts实例

可以看到，左边显示的是option，也就是ECharts的具体配置，右边是对应的可视化图。当我们改变左边的代码时，右边的可视化也会实时改变。当左边的代码有误时，右边则不会显示可视化，如图4-2所示。

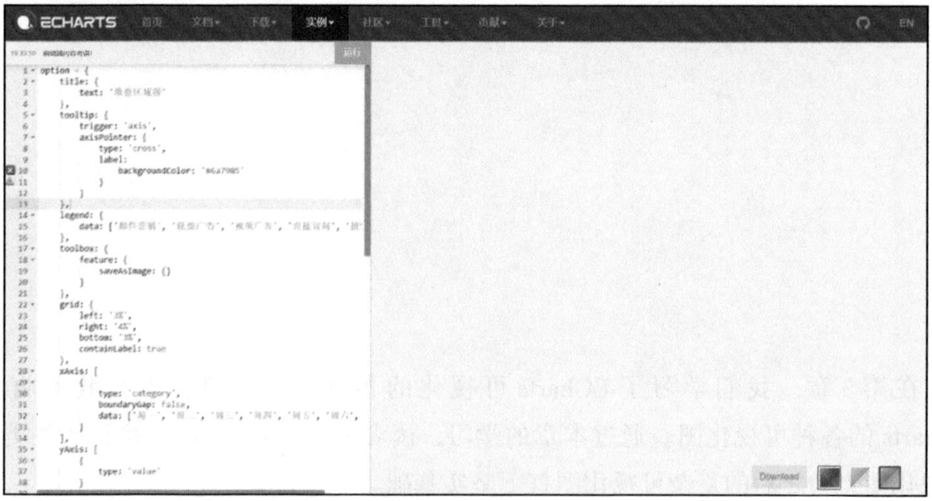

图4-2 ECharts代码有误时的界面

大家应该已经发现了，可视化设置的大部分参数都在option中，这样可以帮我们省去很多额外的工作，方便快速调试。当我们调试出满意的可视化时，将option加入框架中即可。本章演示的代码和可视化结果图都是基于这个在线工具实现的。

4.1 折线图

折线图是一种基础图表，适合表示数据的变化趋势，常用于时间序列数据的表示。在ECharts中，绘制折线图需要将series中的type设置为line，代码如下所示：

```
option = {
    xAxis: {
        type: 'category',
        data: ['Mon', 'Tue', 'Wed', 'Thu', 'Fri', 'Sat', 'Sun']
    },
    yAxis: {
        type: 'value'
    },
    series: [{
```

```
            data: [450, 232, 301, 734, 1090, 830, 500],
            type: 'line'
        }]
    };
```

其中，series 中的 data 值序列长度需要和 xAxis 中的 data 值序列长度一致，x 轴和 y 轴分别为类别（星期）和数值，可视化效果如图 4-3 所示。

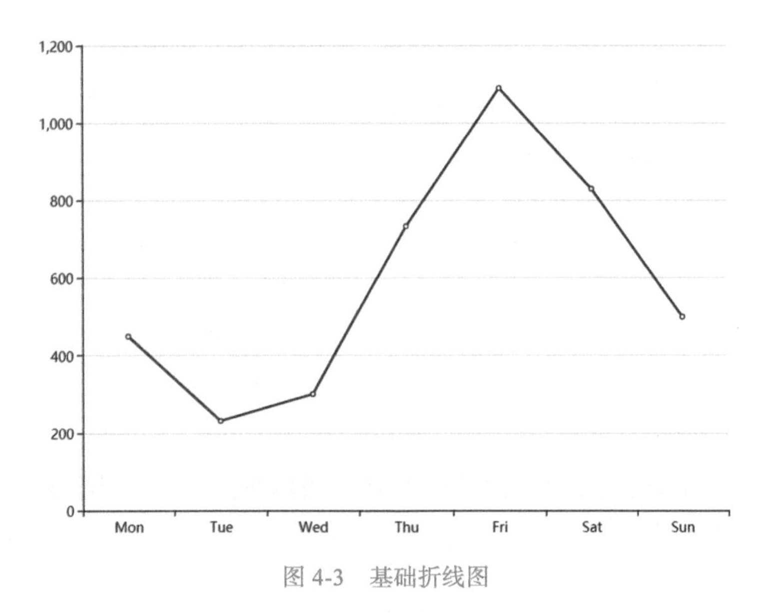

图 4-3　基础折线图

当我们在 series 中加入参数 smooth: true 后，可以得到较为光滑的折线（曲线）。代码如下所示：

```
    option = {
        xAxis: {
            type: 'category',
            data: ['Mon', 'Tue', 'Wed', 'Thu', 'Fri', 'Sat', 'Sun']
        },
        yAxis: {
            type: 'value'
        },
        series: [{
            data: [450, 232, 301, 734, 1090, 830, 500],
            type: 'line',
            smooth: true
        }]
    };
```

可视化结果如图 4-4 所示。

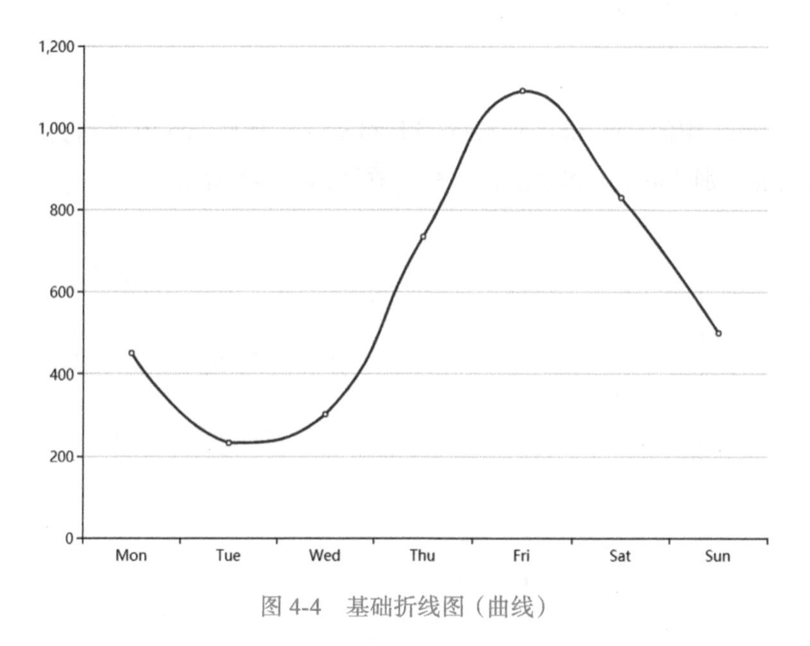

图 4-4　基础折线图（曲线）

至此我们就学会了如何绘制单条折线图，当然我们还会遇到绘制多条折线图的情况，如图 4-5 所示。

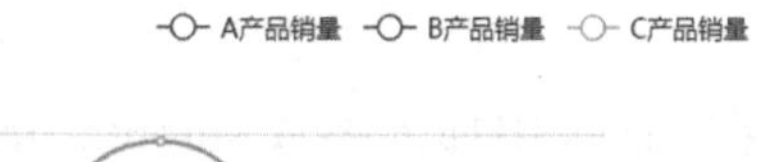

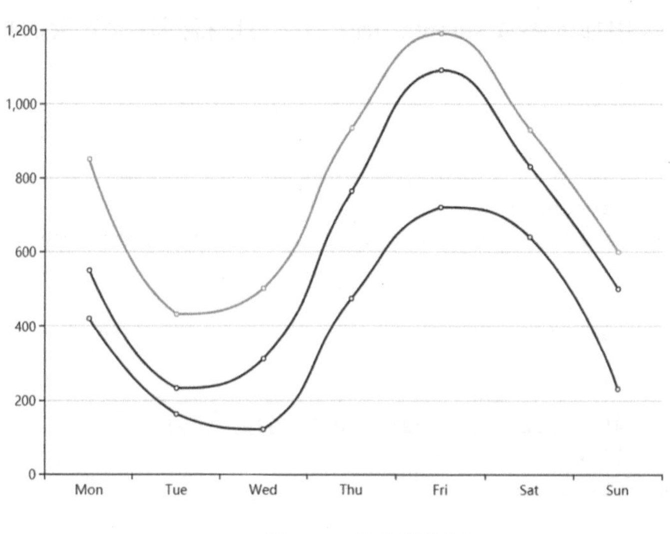

图 4-5　多条折线图

此时我们在上面单条折线图的代码中做少量修改即可，具体代码如下：

```
option = {
    xAxis: {
        type: 'category',
        data: ['Mon', 'Tue', 'Wed', 'Thu', 'Fri', 'Sat', 'Sun']
    },
    yAxis: {
        type: 'value'
    },
    legend: {
        data: ['A产品销量', 'B产品销量','C产品销量'],
        left: 'right'
},
    series: [{
        name:'A产品销量',
        data: [550, 232, 311, 764, 1090, 830, 500],
        type: 'line',
        smooth: true
    },
    {
        name:'B产品销量',
        data: [420, 162, 121, 474, 720, 640, 230],
        type: 'line',
        smooth: true
    },
    {
        name:'C产品销量',
        data: [850, 432, 501, 934, 1190, 930, 600],
        type: 'line',
        smooth: true
    }]
};
```

通过观察可以发现，series中并列了三个字典结构，分别存放A~C产品的数据，我们加入了legend图例，目的是为了区分A～C产品的数据。需要注意的是，A～C产品数据的name字段内容需要和legend中的内容一一对应。

有时候，我们需要使用堆叠折线图来反映不同项的累加情况，此时可以通过在ECharts的series的每项数据中加入stack和areaStyle参数实现，可视化结果如图4-6所示。

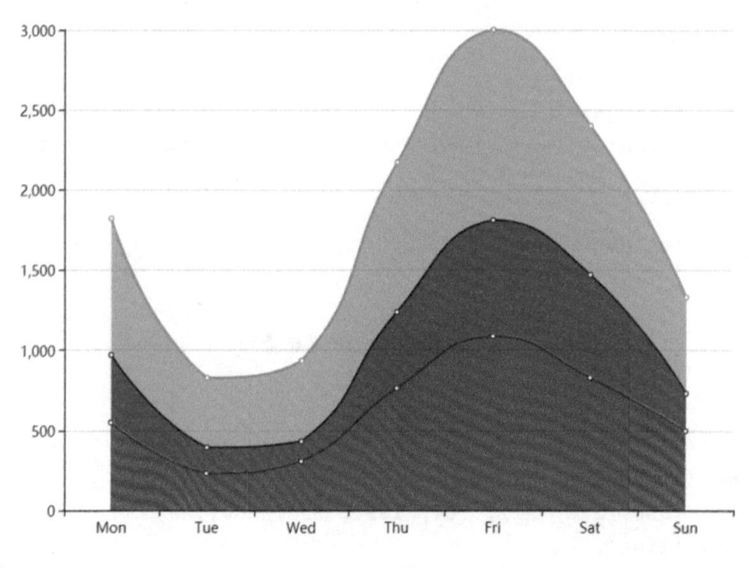

图 4-6 堆叠折线图

具体实现代码如下：

```
option = {
    xAxis: {
        type: 'category',
        data: ['Mon', 'Tue', 'Wed', 'Thu', 'Fri', 'Sat', 'Sun']
    },
    yAxis: {
        type: 'value'
    },
    legend: {
        data: ['A产品销量', 'B产品销量','C产品销量'],
        left: 'right'
    },
    series: [{
        name:'A产品销量',
        data: [550, 232, 311, 764, 1090, 830, 500],
        type: 'line',
        smooth: true,
        stack: '总量',
        areaStyle: {}
    },
    {
        name:'B产品销量',
        data: [420, 162, 121, 474, 720, 640, 230],
        type: 'line',
        smooth: true,
```

```
        stack: '总量',
        areaStyle: {}
    },
    {
        name:'C产品销量',
        data: [850, 432, 501, 934, 1190, 930, 600],
        type: 'line',
        smooth: true,
        stack: '总量',
        areaStyle: {}
    }]
};
```

其中，areaStyle 用于对区域填充色彩，如果没有该参数，区域将不会有填充色，感兴趣的读者可以删除该参数看看效果。堆叠的顺序自上到下和数据的顺序相反，例如代码数据中的顺序是 ABC，可视化图中自上到下的顺序是 CBA。

为了方便辨识堆叠总量数据信息，可以在最上层的数据中加入 label 参数，同时加入 tooltip 方便查阅数据，修改后的代码如下：

```
option = {
    xAxis: {
        type: 'category',
        data: ['Mon', 'Tue', 'Wed', 'Thu', 'Fri', 'Sat', 'Sun']
    },
    yAxis: {
        type: 'value'
    },
    legend: {
        data: ['A产品销量', 'B产品销量','C产品销量'],
        left: 'right'
},
    tooltip: {
        trigger: 'axis',
        axisPointer: {
            type: 'cross',
            label: {
                backgroundColor: '#6a7985'
            }
        }
    },
    series: [{
        name:'A产品销量',
        data: [550, 232, 311, 764, 1090, 830, 500],
        type: 'line',
        smooth: true,
        stack: '总量',
        areaStyle: {}
```

```
        },
        {
            name:'B产品销量',
            data: [420, 162, 121, 474, 720, 640, 230],
            type: 'line',
            smooth: true,
            stack: '总量',
            areaStyle: {}
        },
        {
            name:'C产品销量',
            data: [850, 432, 501, 934, 1190, 930, 600],
            type: 'line',
            smooth: true,
            stack: '总量',
            label: {
                    normal: {
                        show: true,
                        position: 'top'
                    }
                },
            areaStyle: {}
        }]
};
```

可视化结果如图 4-7 所示。

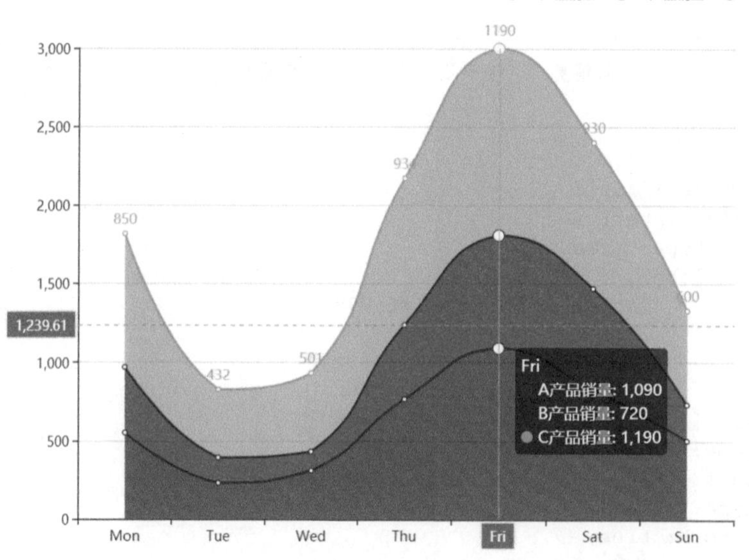

图 4-7　堆叠柱状图优化版

4.2　柱状图

柱状图主要用于表示离散数据的频数，也是一种基础可视化图。在 ECharts 中制作柱状图也十分简单，通过将 series 中的 type 设置为 bar 即可，代码如下：

```
option = {
    xAxis: {
        type: 'category',
        data: ['Mon', 'Tue', 'Wed', 'Thu', 'Fri', 'Sat', 'Sun']
    },
    yAxis: {
        type: 'value'
    },
    series: [{
        data: [100, 150, 120, 90, 50, 130, 110],
        type: 'bar'
    }]
};
```

可视化结果如图 4-8 所示。

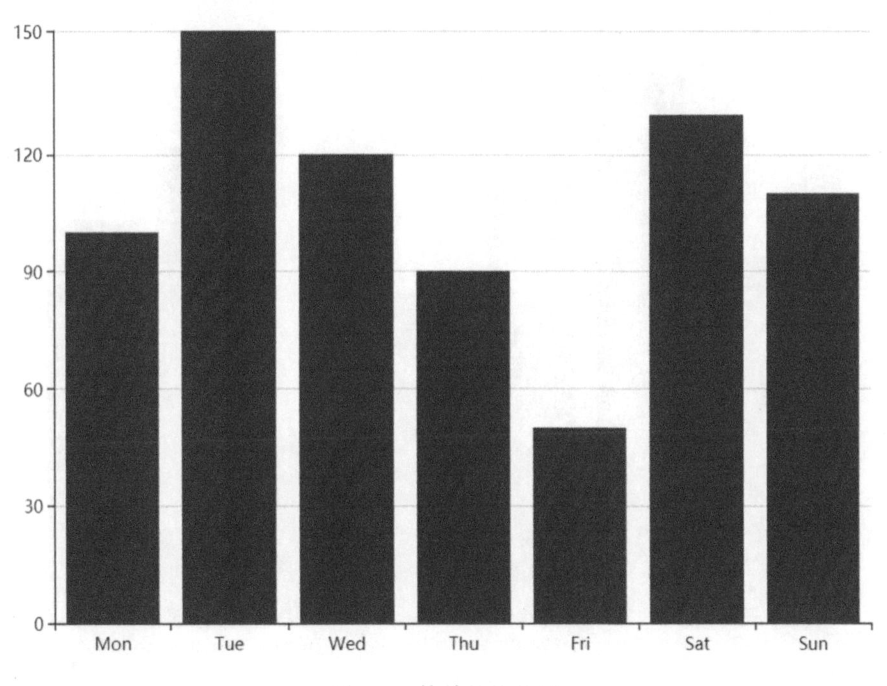

图 4-8　简单的柱状图

我们同样可以在代码中添加 label 以显示具体数值，例如在每个柱子上显示对应数值，代码如下：

```
option = {
    xAxis: {
        type: 'category',
        data: ['Mon', 'Tue', 'Wed', 'Thu', 'Fri', 'Sat', 'Sun']
    },
    yAxis: {
        type: 'value'
    },
    series: [{
        data: [100, 150, 120, 90, 50, 130, 110],
        type: 'bar',
        label: {
                show: true,
                position: 'top'
            },
    }]
};
```

可视化结果如图 4-9 所示。

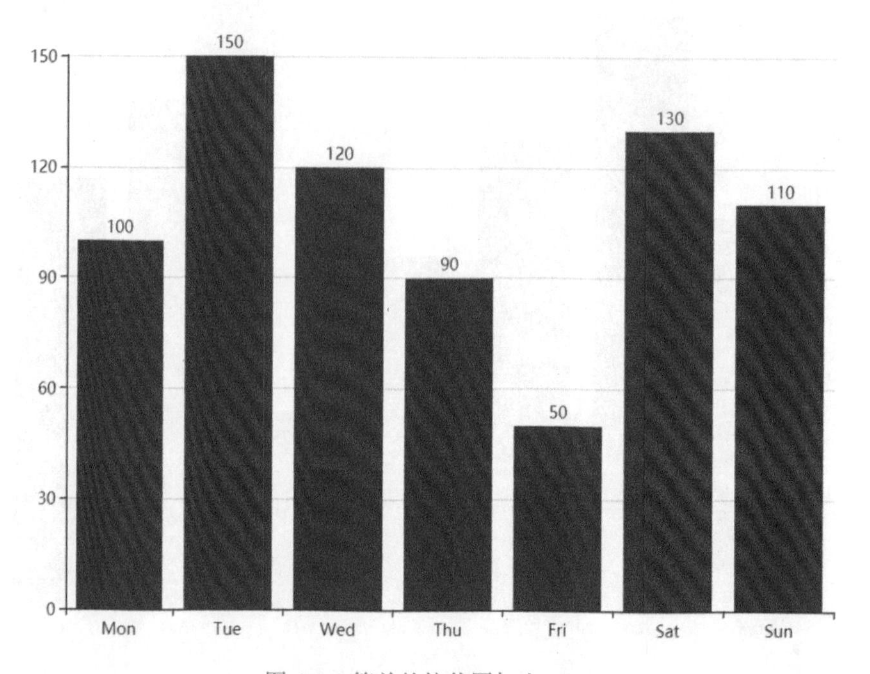

图 4-9　简单的柱状图加入 label

除了简单的柱状图，在实际场景中也会经常用到聚合柱状图，以更直观地比较各维度信息。例如，在原来的代码中加入 legend，再加入一批数据，并将 *x* 轴的星期改为不同商场，代码如下：

```
option = {
    title: {
        text: '产品一周销量情况'
    },
    xAxis: {
        type: 'category',
        data: ['A商场', 'B商场', 'C商场', 'D商场', 'E商场', 'F商场', 'G商场']
    },
    yAxis: {
        type: 'value'
    },
    legend: {
        data: ['A产品', 'B产品']
    },
    series: [{
        name: 'A产品',
        data: [100, 150, 120, 90, 50, 130, 110],
        type: 'bar',
        label: {
                show: true,
                position: 'top'
            }
    },
    {
        name: 'B产品',
        data: [120, 130, 110, 70, 60, 110, 140],
        type: 'bar',
        label: {
                show: true,
                position: 'top'
            }
    }]
};
```

可视化结果如图 4-10 所示。

结合图 4-10，我们可以非常直观地比较不同商场的不同产品的销售情况。

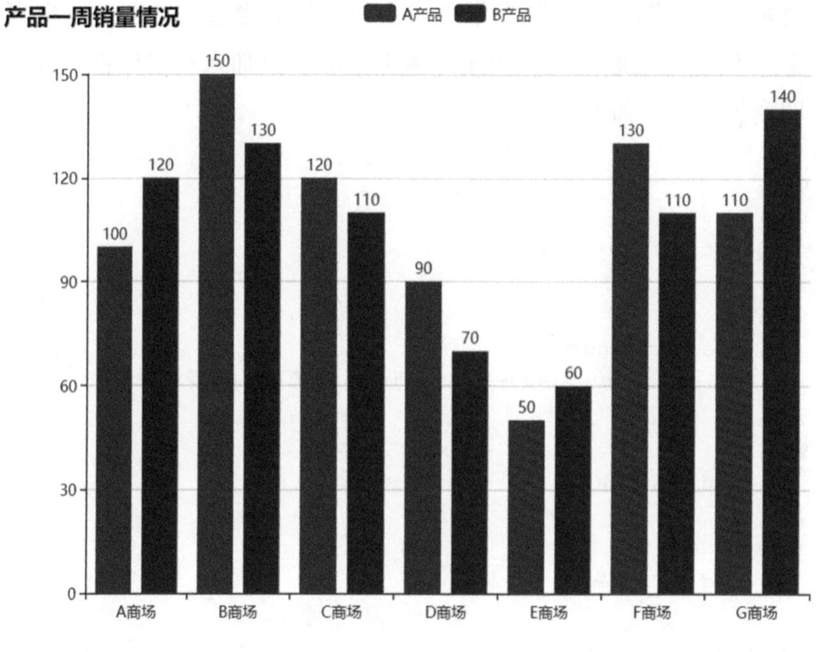

图 4-10　聚合柱状图

有时也会用到水平聚合柱状图，具体要如何实现呢？交换 xAxis 和 yAxis 中的内容，同时将数字 label 中的 position 由 top 改为 right 即可，代码如下：

```
option = {
    title: {
        text: '产品一周销量情况'
    },
    xAxis: {
        type: 'value'
    },
    yAxis: {
        type: 'category',
        data: ['A商场', 'B商场', 'C商场', 'D商场', 'E商场', 'F商场', 'G商场']
    },
    legend: {
        data: ['A产品', 'B产品']
    },
    series: [{
        name: 'A产品',
        data: [100, 150, 120, 90, 50, 130, 110],
        type: 'bar',
```

```
        label: {
                show: true,
                position: 'right'
            }
    },
    {
        name: 'B产品',
        data: [120, 130, 110, 70, 60, 110, 140],
        type: 'bar',
        label: {
                show: true,
                position: 'right'
            }
    }]
};
```

可视化结果如图 4-11 所示。

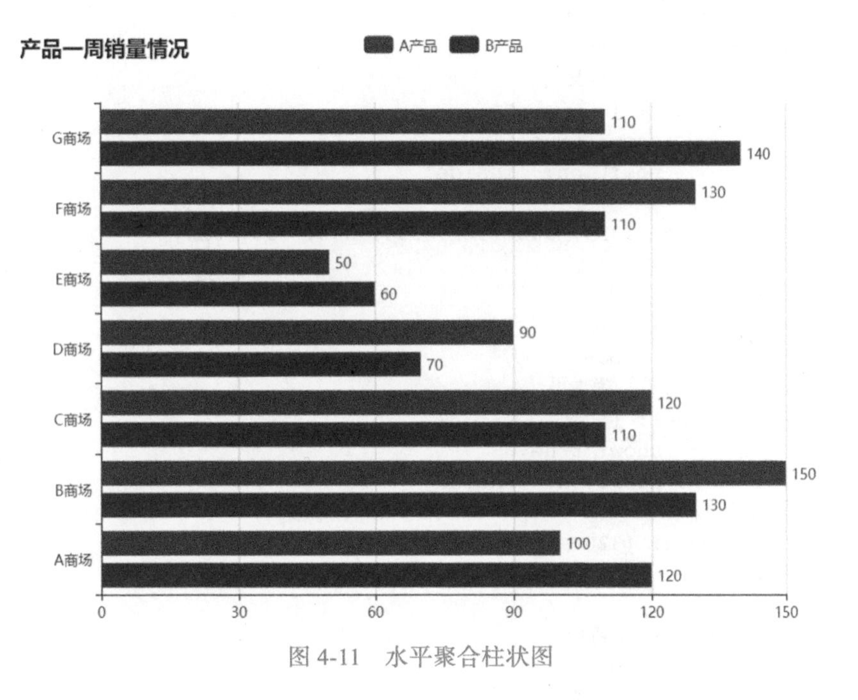

图 4-11　水平聚合柱状图

除上述几种柱状图，堆叠柱状图也是非常常用的。下面我们来制作一个不同产品在不同商场销量的堆叠柱状图，代码如下：

```
option = {
```

```
tooltip: {
    trigger: 'axis',
    axisPointer: {
        type: 'shadow'
    }
},
legend: {
    data: ['A商场', 'B商场', 'C商场', 'D商场', 'E商场']
},
xAxis: {
    type: 'value'
},
yAxis: {
    type: 'category',
    data: ['A产品', 'B产品', 'C产品', 'D产品', 'E产品', 'F产品', 'G产品']
},
series: [
    {
        name: 'A商场',
        type: 'bar',
        stack: '总量',
        label: {
            show: true,
            position: 'inside'
        },
        data: [320, 302, 301, 334, 390, 330, 320]
    },
    {
        name: 'B商场',
        type: 'bar',
        stack: '总量',
        label: {
            show: true,
            position: 'inside'
        },
        data: [320, 332, 301, 334, 490, 330, 310]
    },
    {
        name: 'C商场',
        type: 'bar',
        stack: '总量',
        label: {
            show: true,
            position: 'inside'
        },
        data: [220, 182, 191, 234, 290, 330, 310]
```

```
        },
        {
            name: 'D商场',
            type: 'bar',
            stack: '总量',
            label: {
                show: true,
                position: 'inside'
            },
            data: [150, 212, 201, 154, 190, 330, 410]
        },
        {
            name: 'E商场',
            type: 'bar',
            stack: '总量',
            label: {
                show: true,
                position: 'inside'
            },
            data: [420, 532, 501, 234, 290, 330, 320]
        }
    ]
};
```

可视化结果如图 4-12 所示。

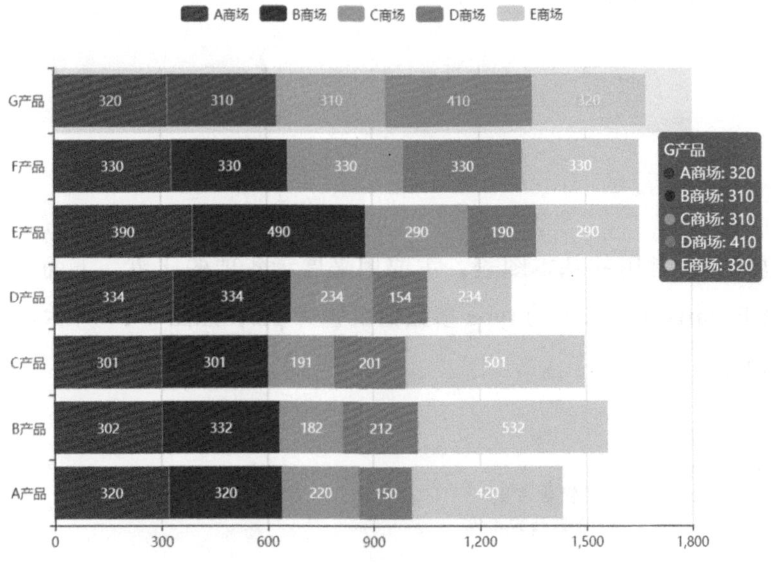

图 4-12　堆叠柱状图

在上述代码中，tooltip 中的 type 为 shadow，所以当鼠标悬停在柱子上时，会显示阴影效果。这里的堆叠效果主要是通过 stack 参数决定的，当我们删除 A 商场的 stack 参数，并将 B 商场和 C 商场的 stack 参数改为“总量 1”之后，其可视化结果如图 4-13 所示。所以可以这样理解：stack 参数相同的柱子会堆叠在一起，如果没有这个参数，则该部分不堆叠。

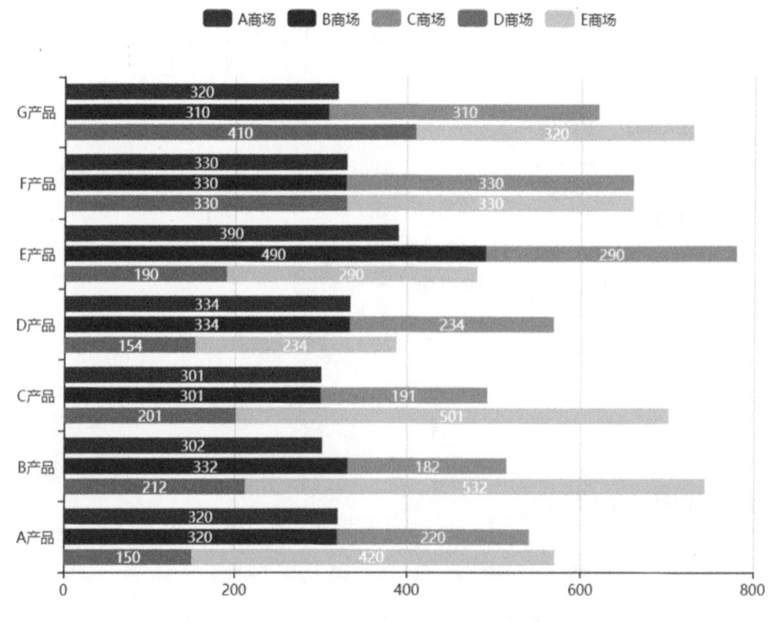

图 4-13　堆叠柱状图调整堆叠效果

4.3　饼图

饼图也是一种常用的基本图表，主要用来展示各项的比重。下面制作一幅基础的饼图，将 Echarts 中 series 的 type 参数值设置为 pie，如图 4-14 所示。

代码如下：

```
option = {
    title: {
        text: '各商品销量占比',
        subtext: 'A商场情况分析',
        left: 'center'
    },
```

```
    tooltip: {
        trigger: 'item',
        formatter: '{a} <br/>{b} : {c} ({d}%)'
    },
    legend: {
        orient: 'vertical',
        left: 'left',
        data: ['A商品', 'B商品', 'C商品', 'D商品', 'E商品']
    },
    series: [
        {
            name: '所售商品',
            type: 'pie',
            data: [
                {value: 343, name: 'A商品'},
                {value: 250, name: 'B商品'},
                {value: 509, name: 'C商品'},
                {value: 108, name: 'D商品'},
                {value: 948, name: 'E商品'}
            ],
        }
    ]
};
```

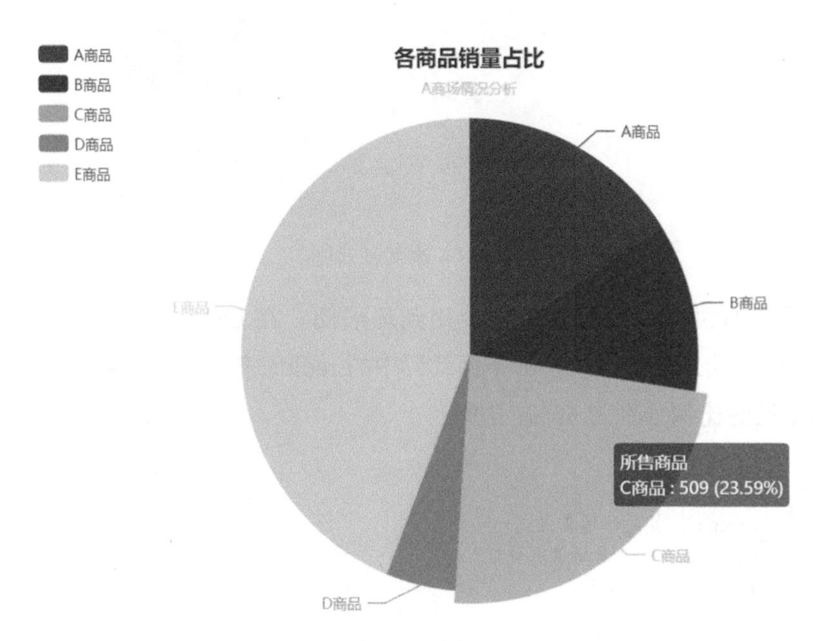

图 4-14　饼图

在上述代码中，将 legend 设置为 vertical，是为了避免水平显示后会与标题重叠。这里将 tooltip 的显示格式设置为：formatter: '{a}
{b} : {c} ({d}%)'，各参数在饼图中的具体含义为：{a}（系列名称），{b}（数据项名称），{c}（数值），{d}（百分比）。当鼠标悬停在某块饼上时，该块饼会突出显示且按照 formatter 的格式显示文字和数值。

需要注意的是，当我们点击饼图的 legend 时，如点击 C 商品的 legend 时，C 商品的图例会变为灰色，同时，饼图中将不再显示 C 商品饼块，且会重新计算百分比，如图 4-15 所示。

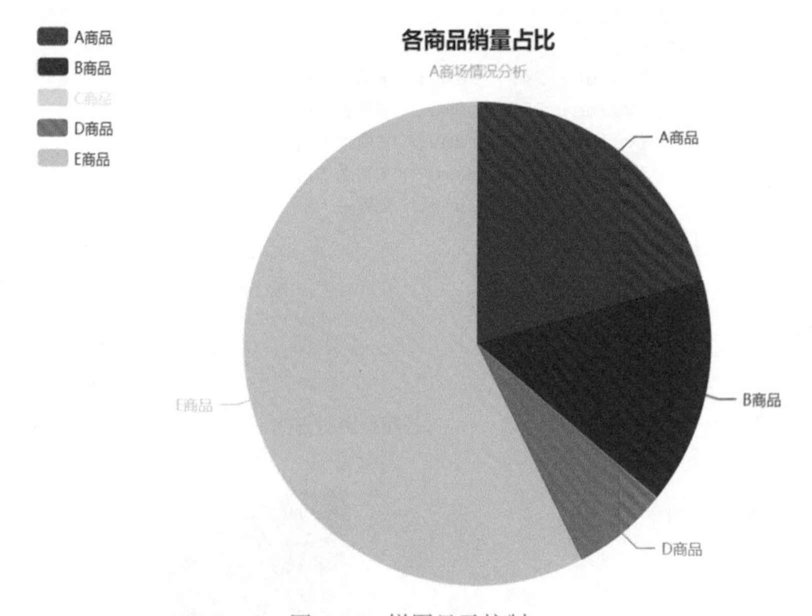

图 4-15　饼图显示控制

除了基本的饼图，我们也常常会用到环形图。在 ECharts 中，在 series 中加上 radius 参数即可绘制环形图，例如下面代码中的 radius: ['50%', '70%']，代表环内部半径和外部半径的比例分别为 50%、70%。

```
option = {
    title: {
        text: '各商品销量占比',
        subtext: 'A商场情况分析',
        left: 'center'
    },
    tooltip: {
```

```
        trigger: 'item',
        formatter: '{a} <br/>{b} : {c} ({d}%)'
    },
    legend: {
        orient: 'vertical',
        left: 'left',
        data: ['A商品', 'B商品', 'C商品', 'D商品', 'E商品']
    },
    series: [
        {
            name: '所售商品',
            type: 'pie',
            radius: ['50%', '70%'],
            data: [
                {value: 343, name: 'A商品'},
                {value: 250, name: 'B商品'},
                {value: 509, name: 'C商品'},
                {value: 108, name: 'D商品'},
                {value: 948, name: 'E商品'}
            ],
        }
    ]
};
```

环形图可视化结果如图 4-16 所示。

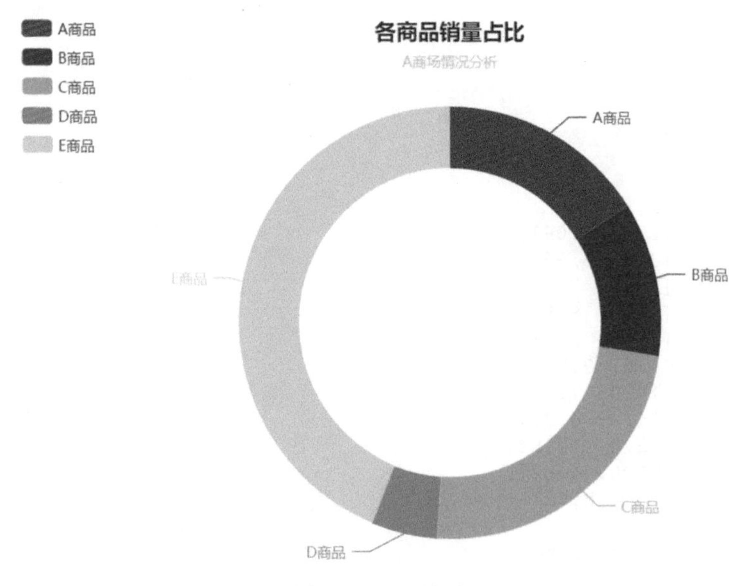

图 4-16　环形图

4.4 散点图

散点图是一种基础的可视化图，在 ECharts 中，制作散点图时需要将 series 中 type 参数值设置为 scatter，一幅简单的散点图如图 4-17 所示。这里省略了很多组件，感兴趣的读者可以自行查阅。

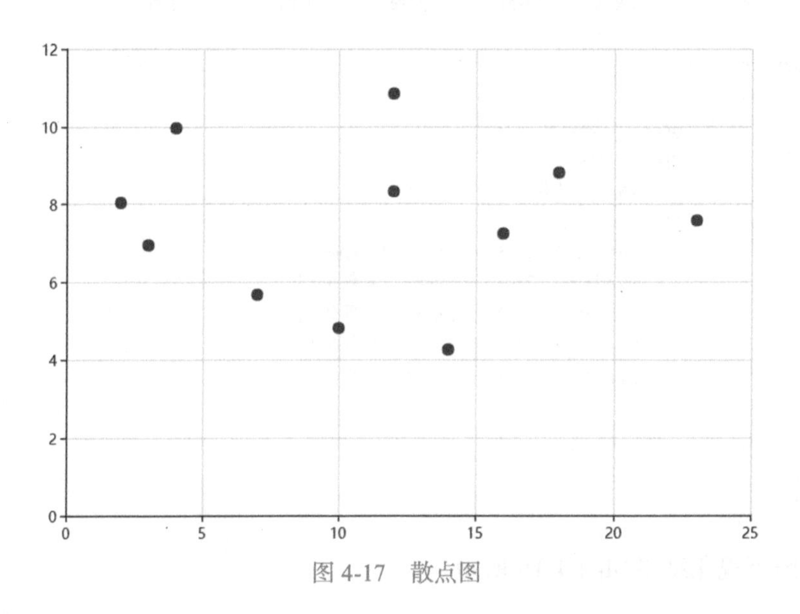

图 4-17　散点图

代码如下：

```
option = {
    xAxis: {},
    yAxis: {},
    series: [{
        data: [
            [2.0, 8.04],
            [3.0, 6.95],
            [23.0, 7.58],
            [18.0, 8.81],
            [12.0, 8.33],
            [4.0, 9.96],
            [16.0, 7.24],
            [14.0, 4.26],
            [12.0, 10.84],
            [10.0, 4.82],
            [7.0, 5.68]
        ],
        type: 'scatter'
    }]
};
```

需要注意的是，图 4-17 的散点图是在二维直角坐标系上绘制的，所以每个点需要用两个维度表示，同时要注意 data 参数中的数据结构，这和之前几种可视化的数据结构差异较大。

我们常常需要将不同类别的散点展现在同一张图中，按照之前几幅图的学习经验，只需要在 series 中增加新的数据即可，代码如下：

```
option = {
    xAxis: {},
    yAxis: {},
    legend: {
        data: ['类别1','类别2']
    },
    series: [{
        name: '类别1',
        data: [
            [2.0, 8.04],
            [3.0, 6.95],
            [23.0, 7.58],
            [18.0, 8.81],
            [12.0, 8.33],
            [4.0, 9.96],
            [16.0, 7.24],
            [14.0, 4.26],
            [12.0, 10.84],
            [10.0, 4.82],
            [7.0, 5.68]
        ],
        type: 'scatter'
    },
    {
        name: '类别2',
        data: [
            [1.0, 2.04],
            [2.0, 15.95],
            [26.0, 17.58],
            [13.0, 7.81],
            [22.0, 5.33],
            [14.0, 9.96],
            [6.0, 4.24],
            [4.0, 4.26],
            [22.0, 13.84],
```

```
            [16.0, 14.82],
            [17.0, 15.68]
    ],
        type: 'scatter'
    }
    ]
};
```

这里为数据赋予了 name 参数，所以可以使用 legend 区分两种散点。

可视化结果如图 4-18 所示。

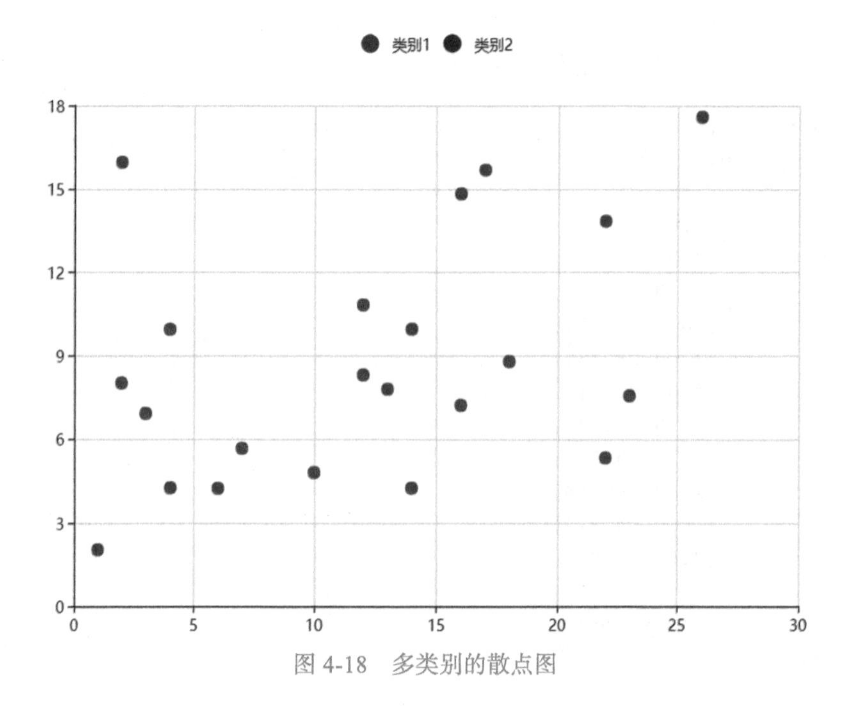

图 4-18　多类别的散点图

4.5　气泡图

气泡图和散点图类似，区别是二维散点图展现的是两个维度信息，而二维气泡图可以展现三个维度的信息，因为多了一个展示气泡大小的维度信息。

我们修改散点图的代码，在类别 1 的数据中增加一个维度数据作为气泡大小，这里会使用到 function 函数功能，函数返回当前气泡信息（三维数据）的第三个维度数据，也就是气泡的大小，需要注意的是，data[2] 代表第三维数据，因为是从

data[0] 开始计算。具体代码如下：

```
option = {
    xAxis: {},
    yAxis: {},
    legend: {
        data: ['类别1','类别2']
    },
    series: [{
        name: '类别1',
        data: [
            [2.0, 8.04, 10],
            [3.0, 6.95, 20],
            [23.0, 7.58, 30],
            [18.0, 8.81, 15],
            [12.0, 8.33, 16],
            [4.0, 9.96, 5],
            [16.0, 7.24, 18],
            [14.0, 4.26, 35],
            [12.0, 10.84, 20],
            [10.0, 4.82, 50],
            [7.0, 5.68, 13]
        ],
        symbolSize: function (data) {
            return data[2];
        },
        type: 'scatter'
    },
    {
        name: '类别2',
        data: [
            [1.0, 2.04],
            [2.0, 15.95],
            [26.0, 17.58],
            [13.0, 7.81],
            [22.0, 5.33],
            [14.0, 9.96],
            [6.0, 4.24],
            [4.0, 4.26],
            [22.0, 13.84],
            [16.0, 14.82],
            [17.0, 15.68]
    ],
        type: 'scatter'
```

```
        }
    ]
};
```

可视化结果如图 4-19 所示，类别 1 的气泡大小不一，而类别 2 的气泡大小相同，为一般散点图。

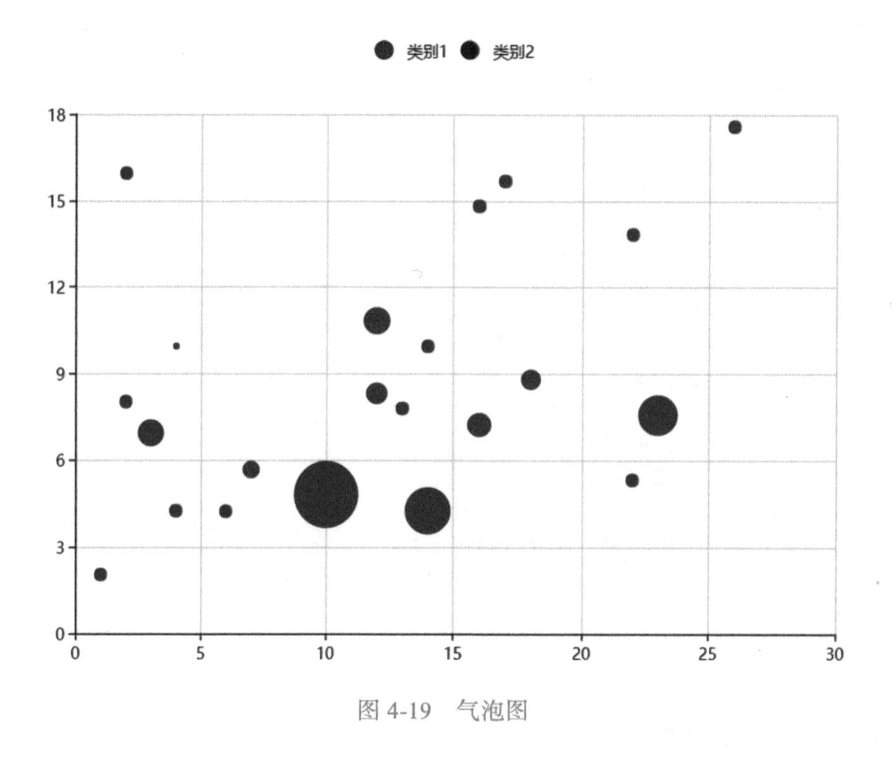

图 4-19 气泡图

4.6 雷达图

雷达图主要用于对比多个单位在多个不同项目上的表现差异。在 ECharts 中，绘制雷达图时需要先将 series 中的 type 参数值设置为 radar。我们绘制一个简单的雷达图，代码如下：

```
option = {
    title: {
        text: '雷达图'
    },
```

```
    tooltip: {},
    legend: {
        data: ['1号员工', '2号员工']
    },
    radar: {
        name: {
            textStyle: {
                color: '#fff',
                backgroundColor: '#999',
                borderRadius: 3,
                padding: [3, 5]
            }
        },
        indicator: [
            { name: '技能A', max: 6500},
            { name: '技能B', max: 16000},
            { name: '技能C', max: 30000},
            { name: '技能D', max: 38000},
            { name: '技能E', max: 52000},
            { name: '技能F', max: 25000}
        ]
    },
    series: [{
        type: 'radar',
        data: [
            {
                value: [4300, 10000, 28000, 35000, 50000, 19000],
                name: '1号员工'
            },
            {
                value: [5000, 14000, 28000, 31000, 42000, 21000],
                name: '2号员工'
            }
        ]
    }]
};
```

可视化结果如图 4-20 所示。这里我们对比了两名员工在不同技能上的表现，可以看到，与之前的可视化不同的是，绘制雷达图时会用到 radar 参数，该参数内置了雷达图中与文字显示相关的内容（包括字体颜色，字体背景颜色，字体背景圆角半径大小，字体背景 x 和 y 方向填充背景大小），在 indicator 参数中，我们设置了不同维度的名称和范围。

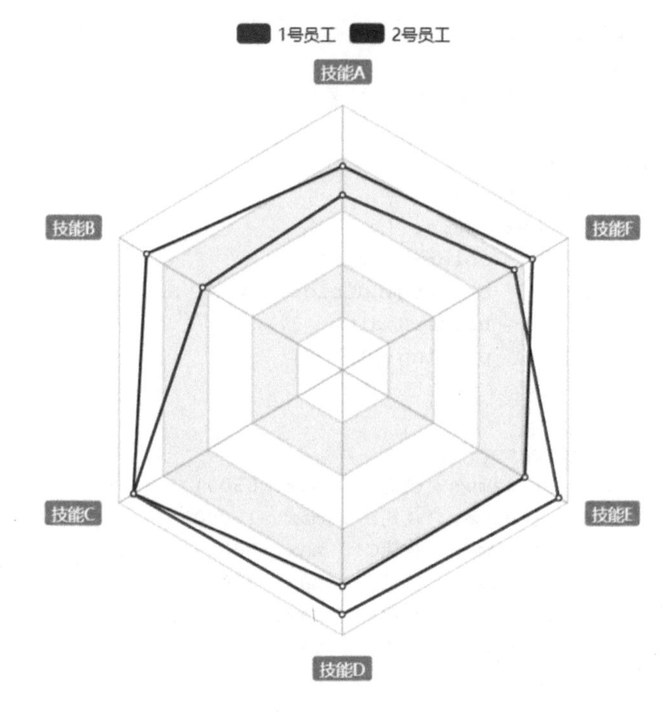

图 4-20 雷达图

4.7 漏斗图

漏斗图是一种转化率分析的可视化图，在 ECharts 中，绘制漏斗图时需要先将 series 中的 type 参数值设置为 funnel。图 4-21 是一种典型的漏斗图，表示了新用户从注册到下单付款的转化情况。

图 4-21 对应的代码如下，其中加入了 toolbox 工具箱，具体漏斗图的设置细节已经在代码中加入了详尽注释，读者可以修改相关参数观察可视化的变化以获得直观感受。

```
option = {
    title: {
        text: '漏斗图',
    },
    tooltip: {
        trigger: 'item',
        formatter: "{a} <br/>{b} : {c}%"
    },
```

```
    toolbox: {
        feature: {
            dataView: {readOnly: false},
            restore: {},
            saveAsImage: {}
        }
    },
    legend: {
        data: ['注册','登录','加购','下单','付款']
    },
    series: [
        {
            name:'漏斗图',
            type:'funnel',
            left: '10%',                    //漏斗左边到图片左部百分比
            top: 60,                        //漏斗顶部与图片顶部距离
            bottom: 60,                     //漏斗底部与图片底部距离
            width: '80%',                   //漏斗显示宽度
            min: 0,
            max: 100,
            minSize: '0%',
            maxSize: '100%',
            sort: 'descending',             //漏斗数据降序排列，可选ascending
            gap: 2,                         //漏斗每部分之间间距
            label: {
                show: true,                 //显示每漏斗部分名称
                position: 'inside'          //每部分名称显示在图形内部
            },
            itemStyle: {
                borderColor: '#fff',        //漏斗背景色
                borderWidth: 10             //漏斗边界宽度
            },
            emphasis: {
                label: {
                    fontSize: 25            //当鼠标悬停在漏斗某部分上，重点突出文字大小
                }
            },
            data: [
                {value: 100, name: '注册'},
                {value: 86, name: '登录'},
                {value: 70, name: '加购'},
                {value: 35, name: '下单'},
                {value: 25, name: '付款'}
            ]
        }
    ]
};
```

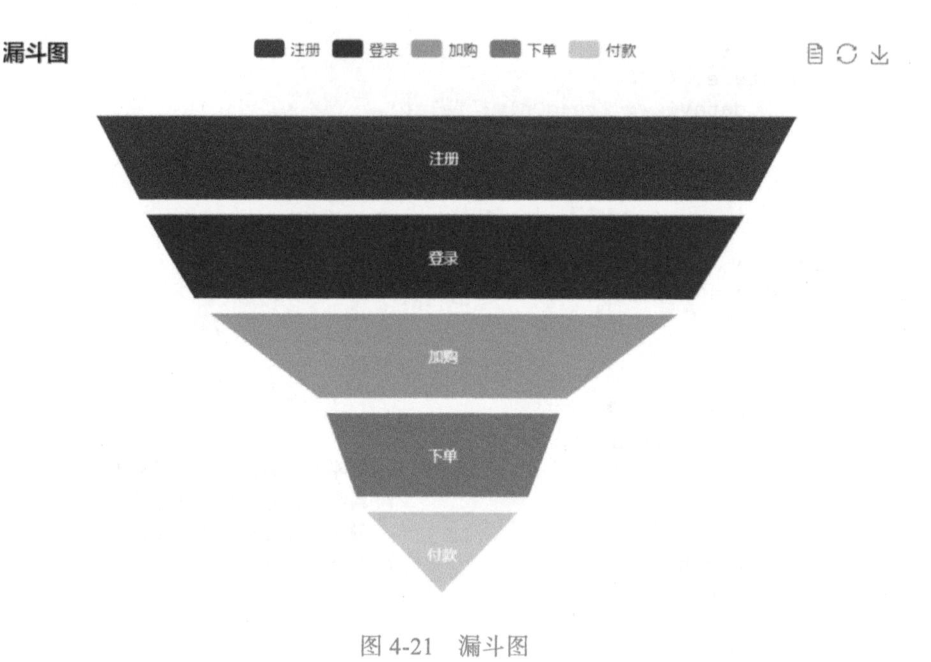

图 4-21 漏斗图

4.8 仪表盘

仪表盘是一种表示某事件进度的可视化图，在 ECharts 中，绘制仪表盘时需要先将 series 中的 type 参数值设置为 gauge。图 4-22 是一种常见的仪表盘，表示事件完成的进度。

图 4-22 对应的代码如下所示，代码较为简单：

```
option = {
    tooltip: {
        formatter: '{a} <br/>{b} : {c}%'
    },
    toolbox: {
        feature: {
            restore: {},
            saveAsImage: {}
        }
    },
    series: [
        {
            name: '',
            type: 'gauge',
```

```
            detail: {formatter: '{value}%'},
            data: [{value: 75, name: '完成率'}]
        }
    ]
};
```

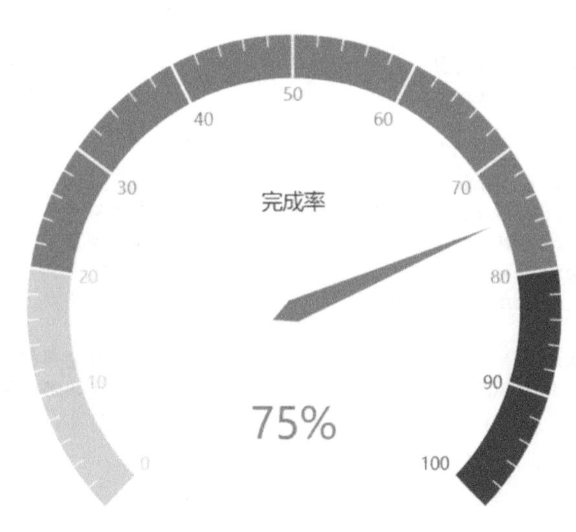

图 4-22 仪表盘

4.9 箱线图

箱线图是一种表示连续性数据分布情况的可视化图。ECharts 提供了箱线图原始数据处理方法，使箱线图的绘制得到了简化。

箱线图的 echarts.dataTool.prepareBoxplotData() 方法能预处理箱线图的各种数据，例如各种四分位数、上下限、异常值等，所以在绘制箱线图时调用其处理完的参数值即可，具体代码如下：

```
var data = echarts.dataTool.prepareBoxplotData([
    [850, 740, 900, 1070, 930, 850, 950, 980, 980, 880, 1000, 980, 930,
        650, 760, 810, 1000, 1000, 960, 960],
    [960, 940, 960, 940, 880, 800, 850, 880, 900, 840, 830, 790, 810,
        880, 880, 830, 800, 790, 760, 800],
    [880, 880, 880, 860, 720, 720, 620, 860, 970, 950, 880, 910, 850,
        870, 840, 840, 850, 840, 840, 840],
    [890, 810, 810, 820, 800, 770, 760, 740, 750, 760, 910, 920, 890,
        860, 880, 720, 840, 850, 850, 780],
```

```
    [890, 840, 780, 810, 760, 810, 790, 810, 820, 850, 870, 870, 810,
        740, 810, 940, 950, 800, 810, 870]
]);

option = {
    title: [
        {
            text: '箱线图',
            left: 'center',
        },
        {
            text: 'upper: Q3 + 1.5 * IQR \nlower: Q1 - 1.5 * IQR',
            borderColor: '#999',        //文字框边界颜色
            borderWidth: 1,             //文字框边界宽度
            textStyle: {
                fontSize: 12            //该部分文字大小
            },
            left: '10%',                //该部分文字到左部的百分比位置
            top: '90%'                  //该部分文字到顶部的百分比位置
        }
    ],
    tooltip: {
        trigger: 'item',
        axisPointer: {
            type: 'shadow'              //鼠标悬停在箱上会显示阴影
        }
    },
    grid: {
        left: '10%',                    //可视化网格距离左部百分比位置
        right: '10%',                   //可视化网格距离右部百分比位置
        bottom: '15%'                   //可视化网格距离底部百分比位置
    },
    xAxis: {
        type: 'category',
        data: data.axisData,            //使用data处理后的axisData数据
        axisLabel: {
            formatter: '实验{value}'    //x轴名称模板
        }
    },
    yAxis: {
        type: 'value',
        name: '',
        splitArea: {
            show: true                  //y轴网格间阴影区分显示
        }
    },
    series: [
        {
            type: 'boxplot',
```

```
            data: data.boxData,         //使用data的处理后的boxData数据
            tooltip: {                  //以下是设置tooltip的显示数据和显示格式
                formatter: function (param) {
                    return [
                        '实验' + param.name + ': ',
                        '上限: ' + param.data[5],
                        '上四分位数: ' + param.data[4],
                        '中位数: ' + param.data[3],
                        '下四分位数: ' + param.data[2],
                        '下限: ' + param.data[1]
                    ].join('<br/>');
                }
            }
        },
        {
            name: 'outlier',
            type: 'scatter',            //使用散点图显示异常值
            data: data.outliers         //异常值数据
        }
    ]
};
```

观察这段代码，在绘制箱线图之前，先对数据进行处理得到 data，然后分别绘制箱线图和异常值的散点图这两部分。对应的箱线图可视化如图 4-23 所示。

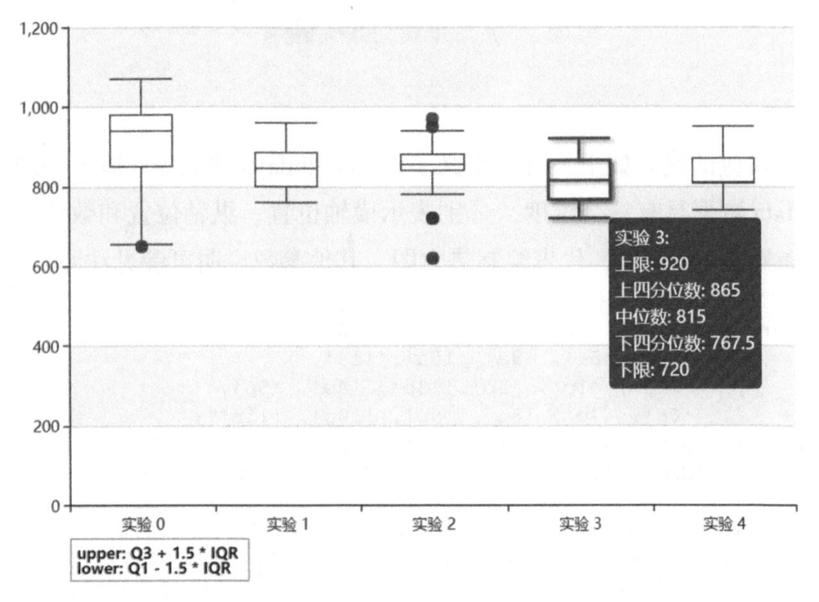

图 4-23　箱线图

4.10 热力图

热力图是一种密度图，使用不同颜色和不同颜色深浅程度来表示数据量的区别，如图 4-24 所示，横轴表示小时，纵轴表示星期，而图中的不同颜色区块代表了数据量的大小差异（为了辅助看图，颜色区块上加上了具体数值大小）。下方的滑动条可以拖放移动，从而筛选相关数据。

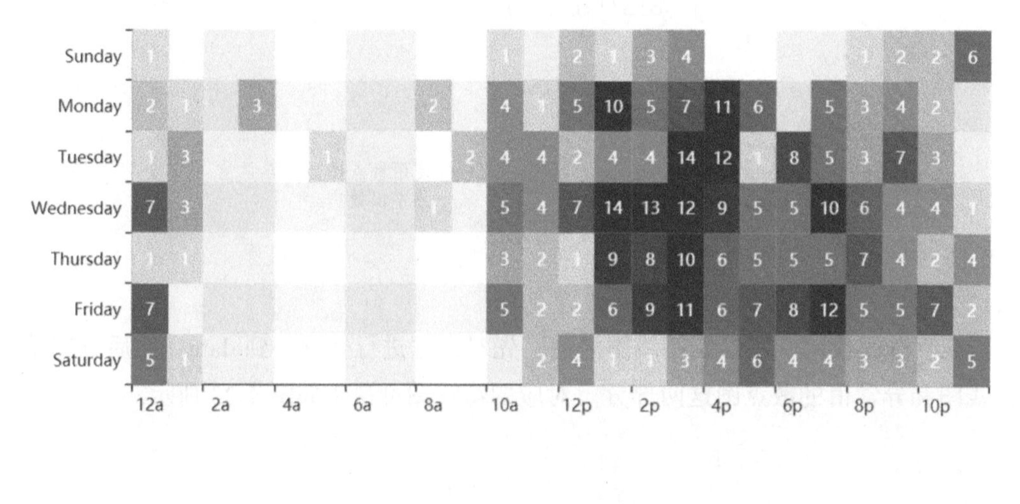

图 4-24 热力图

图 4-24 对应的代码如下。首先定义了 hours 和 days 的数据（横纵轴的数据），而后定义的 data 数据具有三个维度，分别表示横轴位置、纵轴位置和数值大小，series 中的 type 参数为 heatmap，代表绘制热力图。其他参数说明可参见注释。

```
var hours = ['12a', '1a', '2a', '3a', '4a', '5a', '6a',
             '7a', '8a', '9a','10a','11a',
             '12p', '1p', '2p', '3p', '4p', '5p',
             '6p', '7p', '8p', '9p', '10p', '11p'];
var days = ['Saturday', 'Friday', 'Thursday',
            'Wednesday', 'Tuesday', 'Monday', 'Sunday'];

var data = [[0,0,5],[0,1,1],[0,2,0],[0,3,0],[0,4,0],[0,5,0],[0,6,0],[0,7,
    0],[0,8,0],[0,9,0],[0,10,0],[0,11,2],[0,12,4],[0,13,1],[0,14,1],[0,15,
    3],[0,16,4],[0,17,6],[0,18,4],[0,19,4],[0,20,3],[0,21,3],[0,22,2],[0,2
    3,5],[1,0,7],[1,1,0],[1,2,0],[1,3,0],[1,4,0],[1,5,0],[1,6,0],[1,7,0],[
```

```
    1,8,0],[1,9,0],[1,10,5],[1,11,2],[1,12,2],[1,13,6],[1,14,9],[1,15,11],
    [1,16,6],[1,17,7],[1,18,8],[1,19,12],[1,20,5],[1,21,5],[1,22,7],[1,23,
    2],[2,0,1],[2,1,1],[2,2,0],[2,3,0],[2,4,0],[2,5,0],[2,6,0],[2,7,0],[2,
    8,0],[2,9,0],[2,10,3],[2,11,2],[2,12,1],[2,13,9],[2,14,8],[2,15,10],[2,
    16,6],[2,17,5],[2,18,5],[2,19,5],[2,20,7],[2,21,4],[2,22,2],[2,23,4],[
    3,0,7],[3,1,3],[3,2,0],[3,3,0],[3,4,0],[3,5,0],[3,6,0],[3,7,0],[3,8,1],
    [3,9,0],[3,10,5],[3,11,4],[3,12,7],[3,13,14],[3,14,13],[3,15,12],[3,16,
    9],[3,17,5],[3,18,5],[3,19,10],[3,20,6],[3,21,4],[3,22,4],[3,2
    3,1],[4,0,1],[4,1,3],[4,2,0],[4,3,0],[4,4,0],[4,5,1],[4,6,0],[
    4,7,0],[4,8,0],[4,9,2],[4,10,4],[4,11,4],[4,12,2],[4,13,4],[4,
    14,4],[4,15,14],[4,16,12],[4,17,1],[4,18,8],[4,19,5],[4,20,3],
    [4,21,7],[4,22,3],[4,23,0],[5,0,2],[5,1,1],[5,2,0],[5,3,3],[5,
    4,0],[5,5,0],[5,6,0],[5,7,0],[5,8,2],[5,9,0],[5,10,4],[5,11,
    1],[5,12,5],[5,13,10],[5,14,5],[5,15,7],[5,16,11],[5,17,6],[5,
    18,0],[5,19,5],[5,20,3],[5,21,4],[5,22,2],[5,23,0],[6,0,1],
    [6,1,0],[6,2,0],[6,3,0],[6,4,0],[6,5,0],[6,6,0],[6,7,0],[6,8,0],[6,9,0],
    [6,10,1],[6,11,0],[6,12,2],[6,13,1],[6,14,3],[6,15,4],[6,16,0],[6,17,
    0],[6,18,0],[6,19,0],[6,20,1],[6,21,2],[6,22,2],[6,23,6]];

data = data.map(function (item) {
    return [item[1], item[0], item[2] || '-'];
});

option = {
    tooltip: {
        position: 'top'
    },
    animation: false,
    grid: {
        height: '50%',          //控制热力图纵向宽度占比
        top: '10%'              //热力图距离上部百分比
    },
    xAxis: {
        type: 'category',
        data: hours,            //小时作为横轴
        splitArea: {
            show: true
        }
    },
    yAxis: {
        type: 'category',
        data: days,             //星期作为纵轴
        splitArea: {
            show: true
        }
    },
    visualMap: {
        min: 0,                 //滑动条的最小值
        max: 10,                //滑动条的最大值
        calculable: true,       //滑动条显示数值
        orient: 'horizontal',   //滑动条水平放置，默认竖直放置
```

```
            left: 'center',         //滑动条居中
            bottom: '15%'           //滑动条距离底部百分比距离
        },
        series: [{
            name: '',
            type: 'heatmap',        //热力图
            data: data,
            label: {
                show: true          //热力图显示数值
            },
            emphasis: {             //鼠标悬停在热力图块时突出显示
                itemStyle: {
                    shadowBlur: 10,
                    shadowColor: 'rgba(0, 0, 0, 0.5)'
                }
            }
        }]
    };
```

4.11 旭日图

旭日图是饼图的进化版，不仅可以体现各项所占比例，还能体现各项的层级关系。如图 4-25 所示，同一环为一个层级，从内到外不断发散，A 和 B 作为顶层，A1 和 A2 是 A 的子层，以此类推。通过旭日图也能看到每个层级各项的占比大小。当我们点击旭日图中的某部分时，可以进行上卷和下钻操作。

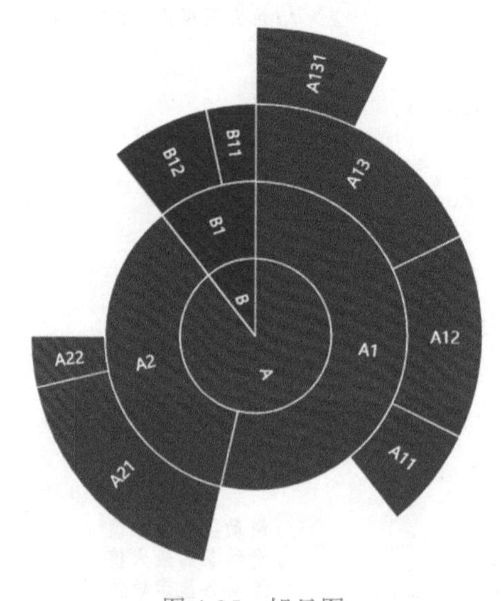

图 4-25 旭日图

图 4-25 对应的代码如下。代码中定义了可视化所需的数据，数据是层级结构的，每层可以有 children 子层，旭日图的 series 中的 type 参数值为 sunburst。

```
var data = [{
    name: 'A',
    children: [{
        name: 'A1',//当前节点名称
        value: 15,//当前节点数值大小
        children: [{//子节点信息
            name: 'A11',
            value: 2
        }, {
            name: 'A13',
            value: 5,
            children: [{
                name: 'A131',
                value: 2
            }]
        }, {
            name: 'A12',
            value: 4
        }]
    }, {
        name: 'A2',
        value: 10,
        children: [{
            name: 'A21',
            value: 5
        }, {
            name: 'A22',
            value: 1
        }]
    }]
}, {
    name: 'B',
    children: [{
        name: 'B1',
        children: [{
            name: 'B11',
            value: 1
        }, {
            name: 'B12',
            value: 2
        }]
```

```
        }]
    }];
    option = {
        series: {
            type: 'sunburst',//旭日图
            data: data,
            radius: [0, '90%'],//半径内部和外部占比
            label: {
                rotate: 'radial'
            }
        }
    };
```

4.12 桑基图

桑基图即能量分流图，也称桑基能量平衡图，如图 4-26 所示，图中延伸的分支宽度（粗细）代表能量的大小，桑基图的特征是首末端的能量相等，所以在图中表现出的宽度总和是相同的。

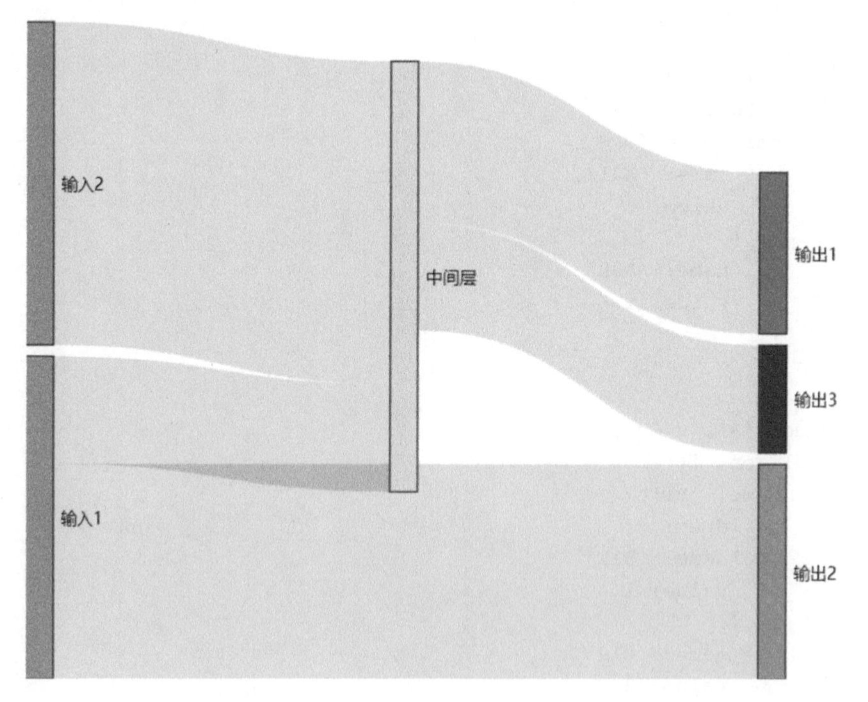

图 4-26 桑基图

对应的代码如下所示。桑基图的series中的type参数值为sankey，在data中定义所有节点，在links中定义能量的起点和终点以及能量流的大小。当鼠标悬停在可视化图的能量流上时，该条能量流会加深显示。当然，我们还可以拖动节点的位置。

```
option = {
    series: {
        type: 'sankey',
        data: [{
            name: '输入1'
        }, {
            name: '输入2'
        }, {
            name: '输出1'
        }, {
            name: '输出2'
        }, {
            name: '中间层'
        }, {
            name: '输出3'
        }],
        links: [{
            source: '输入1',
            target: '输出2',
            value: 4
        }, {
            source: '输入2',
            target: '中间层',
            value: 6
        }, {
            source: '输入1',
            target: '中间层',
            value: 2
        }, {
            source: '中间层',
            target: '输出1',
            value: 3
        }, {
            source: '中间层',
            target: '输出3',
            value: 2
        }]
    }
};
```

4.13 词云图

词云图是一种将文本数据可视化，用词汇组成类似云的可视化图。如图 4-27 所示，是电商评论信息的词云图。一般在词云图中，显示越大的词语的重要程度越大，例如在对电商产品评论数据分词处理之后，词频越大的词语在词云图中显示越大，即可以将出现较多的词语重点突出出来，这也是词云图的作用，将文本中重要的词语和信息突出显示。

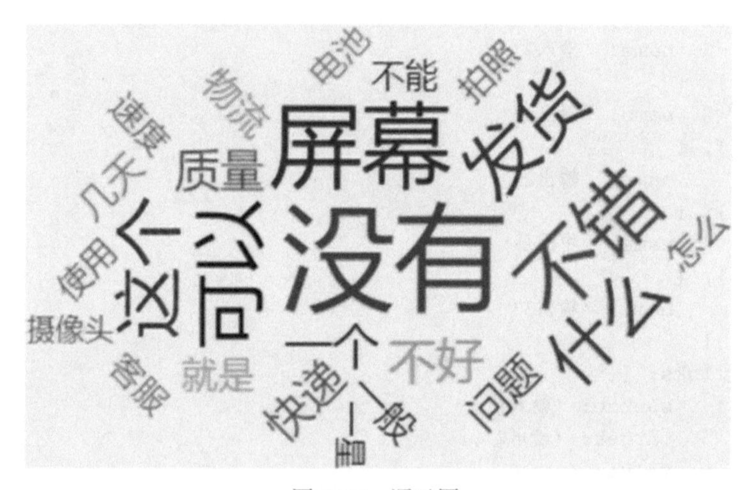

图 4-27 词云图

图 4-27 对应的代码如下。注意 series 中的 type 参数值为 wordCloud，data 中的内容为显示词语的名称和权重大小，其他词云图样式相关设置可参见代码中的详细注释。

```
option = {
    tooltip: {
        show: true
    },
    series: [{
        type: "wordCloud",        //词云图
        gridSize:6,               //词的间距
        shape:'circle',           //词云形状，可选diamond, pentagon, circle,
                                    triangle, star等形状
        sizeRange: [12, 45],      //词云大小范围
        width:900,                //词云显示宽度
        height:500,               //词云显示高度
        textStyle: {
            normal: {
```

```
            color: function() {    //词云的颜色随机
                return 'rgb(' + [
                    Math.round(Math.random() * 160),
                    Math.round(Math.random() * 160),
                    Math.round(Math.random() * 160)
                ].join(',') + ')';
            }
        },
        emphasis: {
            shadowBlur: 10,        //阴影的模糊等级
            shadowColor: '#333'    //鼠标悬停在词云上的阴影颜色
        }
    },
    data: [{
            name: "没有",
            value: 30,
        },
        {
            name: "屏幕",
            value: 24
        },
        {
            name: "不错",
            value: 21
        },
        {
            name: "可以",
            value: 19
        },
        {
            name: "发货",
            value: 18
        },
        {
            name: "这个",
            value: 18
        },
        {
            name: "什么",
            value: 17
        },
        {
            name: "一个",
            value: 12
        },
        {
            name: "不好",
            value: 12
        },
        {
```

```
        name: "质量",
        value: 11
    },
    {
        name: "快递",
        value: 11
    },
    {
        name: "问题",
        value: 10
    },
    {
        name: "物流",
        value: 9
    },
    {
        name: "几天",
        value: 9
    },
    {
        name: "一般",
        value: 9
    },
    {
        name: "就是",
        value: 9
    },
    {
        name: "使用",
        value: 8
    },
    {
        name: "怎么",
        value: 8
    },
    {
        name: "电池",
        value: 8
    },
    {
        name: "不能",
        value: 8
    },
    {
        name: "速度",
        value: 8
    },
    {
        name: "客服",
        value: 8
    },
    {
```

```
                name: "一星",
                value: 8
            },
            {
                name: "拍照",
                value: 8
            },
            {
                name: "摄像头",
                value: 7
            },
        ],
    }]
};
```

4.14 树图

树图是一种利用包含关系表达层次化数据的可视化方法，有着较好的空间利用率，可以容纳大量的包含关系。如图 4-28 所示，A 节点包含 A1、A2、A3 节点，A1 节点包含 A11 和 A12 节点。树图还具有良好的交互性，点击非叶子节点时，节点之后的子节点会收缩隐藏。

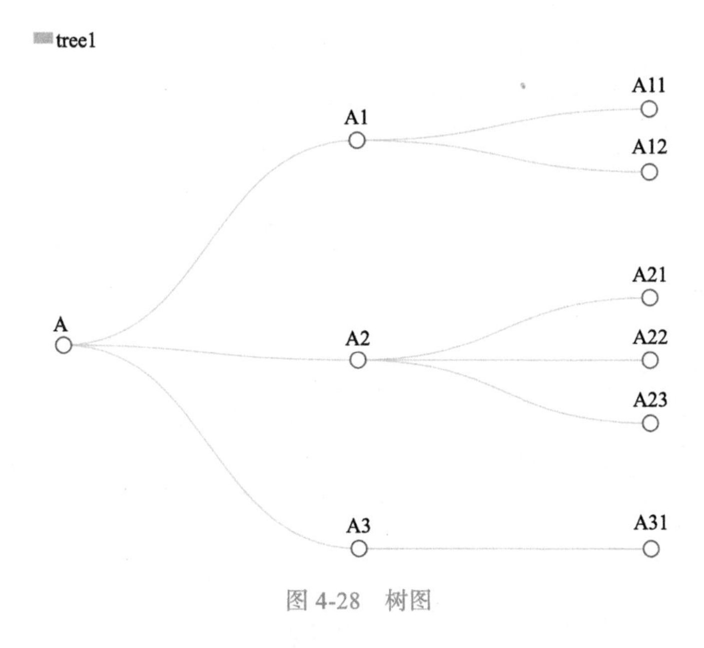

图 4-28 树图

其对应的代码如下。series 中的 type 取值为 tree，代码分为数据定义和树图样式设置两部分，数据嵌套结构类似旭日图，后一部分的树图样式设置的详细说明可参见代码注释。

```
var data = { //节点数据信息
    "name": "A",
    "children": [
        {
            "name": "A1",
            "children": [
                {
                    "name": "A11"
                },
                {
                    "name": "A12",
                    "value": 3322
                }
            ]
        },
        {
            "name": "A2",
            "children": [
                {"name": "A21", "value": 8833},
                {"name": "A22", "value": 1732},
                {"name": "A23", "value": 3623}
            ]
        },
        {
            "name": "A3",
            "children": [
                {"name": "A31", "value": 4116}
            ]
        }
    ]
};

option = {
    tooltip: {
        trigger: 'item',
    },
    legend: {
        top: '2%',              //图例距离上部百分比
        left: '3%',             //图例距离左端百分比
        data: [{
            name: 'tree1',
            icon: 'rectangle'   //图例的图标形状为矩形
        }],
    },
    series:[
        {
            type: 'tree',       //树图类型
            name: 'tree1',      //树的名称
            data: [data],       //树的数据来源于之前定义的data
```

```
            top: '5%',                      //树距离上部的百分比距离
            left: '7%',                     //树距离左部的百分比距离
            bottom: '2%',                   //树距离底部的百分比距离
            right: '20%',                   //树距离右部的百分比距离
            symbolSize: 20,                 //节点的大小
            label: {
                position: 'top',            //非叶子节点的标签在上部
                align: 'left'               //左对齐
            },
            leaves: {
                label: {
                    position: 'right',//叶子节点的标签在节点右边
                    align: 'left'
                }
            }
        }
    ]
};
```

4.15　矩形树图

矩形树图其实并不像树，它可以表示数据的层级关系，也可以表示数据的权重关系。如图 4-29 所示，以 A 开头的矩形块和以 B 开头的矩形块属于不同类别，矩形块的不同面积代表不同的权重，矩形块越大，表示其权重在整体中占比越大。

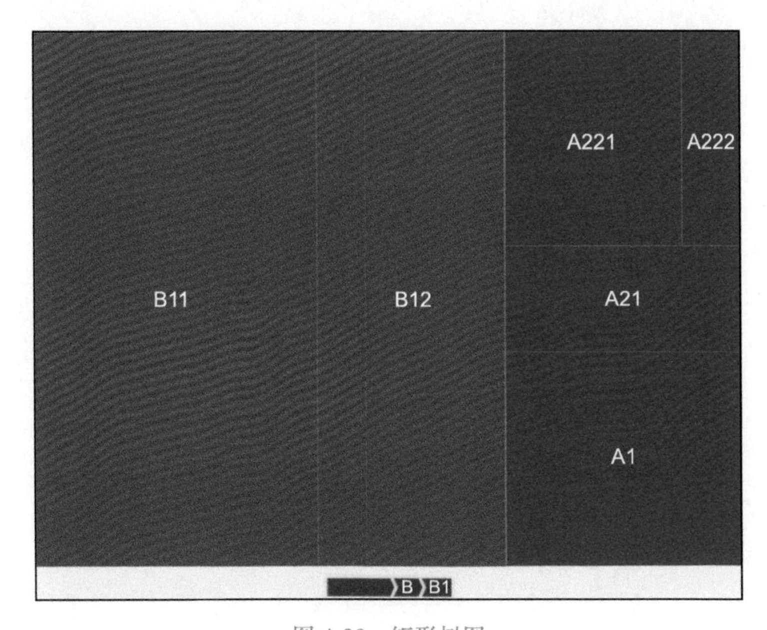

图 4-29　矩形树图

图 4-29 对应的代码如下，其中 series 中 type 的取值为 treemap，其数据的嵌套结构类似之前的旭日图，这里不再赘述。

```
option = {
    series: [{
        type: 'treemap',
        data: [{
            name: 'A',
            value: 10,
            children: [{
                name: 'A1',
                value: 4
            }, {
                name: 'A2',
                value: 6,
                children: [{
                    name: 'A21',
                    value: 2
                },{
                    name: 'A22',
                    value: 4 ,
                    children: [{
                        name: 'A221',
                        value: 3
                    },{
                        name: 'A222',
                        value: 1
                    }]
                }]
            }]
        }, {
            name: 'B',
            value: 20,
            children: [{
                name: 'B1',
                value: 20,
                children: [{
                    name: 'B11',
                    value: 12
                },{
                    name: 'B12',
                    value: 8
                }]
            }]
        }]
```

```
    }]
};
```

4.16 关系图

关系图通常包含节点和边，节点代表某类实体，边代表其相连的节点具有的某种关系。关系图可以用于表示较为复杂的关系网络，例如人物关系，如图 4-30 所示。

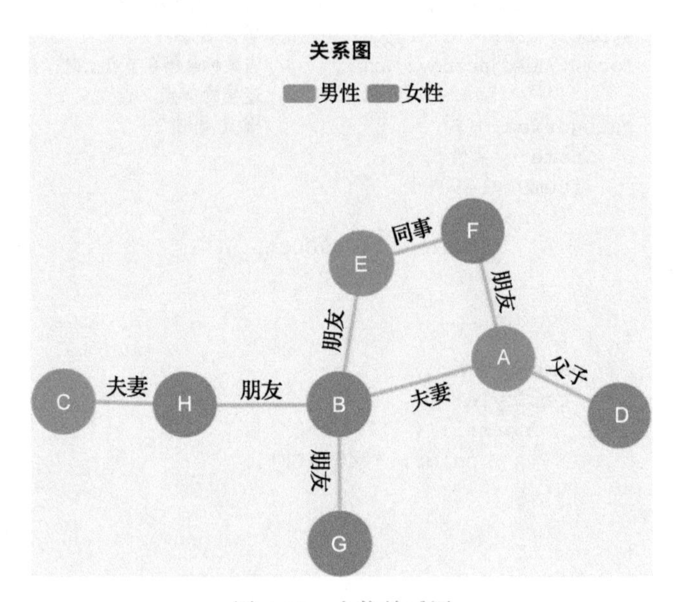

图 4-30 人物关系图

当鼠标悬停在节点上时，会隐藏与当前节点非直接连接的节点，并且节点是可以拖动的。具体实现代码如下，其中加入了详细的注释。

```
option = {
    title: {
        text: '关系图',
        top: '12%',
        left: 'center'
    },
    label: {
        normal: {
            show: true
        }
```

```
    },
    legend: {
        x: "center",
        show: true,
        top: '20%',
        data: ["男性", "女性"]
    },
    series: [
        {
            type: 'graph',                  //关系图
            layout: 'force',                //力导向图的布局
            symbolSize: 50,                 //节点大小
            focusNodeAdjacency: true,       //当鼠标悬停在节点上时，会隐藏与当前节点非直接
                                              连接的节点
            categories: [{                  //节点类别
                name: '男性',
                itemStyle: {
                    normal: {
                        color: "#009800",
                    }
                }
            }, {
                name: '女性',
                itemStyle: {
                    normal: {
                        color: "#4592FF",
                    }
                }
            }],
            label: {                        //节点名称
                normal: {
                    show: true,
                    textStyle: {
                        fontSize: 20        //节点名称显示大小
                    },
                }
            },
            force: {
                repulsion: 1000             //节点之间的排斥力
            },
            edgeLabel: {
                normal: {
                    show: true,
                    textStyle: {
                        fontSize: 10
                    },
                    formatter: "{c}"
```

```
        }
    },
    data: [{
        name: 'A',              //节点名称
        category: 0,            //节点类型
        draggable: true,        //节点是否可拖动
    }, {
        name: 'B',
        category: 1,
        draggable: true,
    }, {
        name: 'C',
        category: 0,
        draggable: true,
    }, {
        name: 'D',
        category: 1,
        draggable: true,
    }, {
        name: 'E',
        category: 0,
        draggable: true,
    }, {
        name: 'F',
        category: 1,
        draggable: true,
    }, {
        name: 'G',
        category: 1,
        draggable: true,
    },{
        name: 'H',
        category: 1,
        draggable: true,
    }],
    links: [{
        source: 0,              //关系的起点
        target: 1,              //关系的终点
        value: '夫妻'           //关系类型
    },{
        source: 0,
        target: 3,
        value: '父子'
    }, {
        source: 0,
        target: 5,
        value: '朋友'
```

```
                }, {
                    source: 4,
                    target: 5,
                    value: '同事'
                }, {
                    source: 2,
                    target: 7,
                    value: '夫妻'
                }, {
                    source: 1,
                    target: 7,
                    value: '朋友'
                }, {
                    source: 1,
                    target: 4,
                    value: '朋友'
                }, {
                    source: 1,
                    target: 6,
                    value: '朋友'
                }
                ],
                lineStyle: {                    //关系连接线的样式设置
                    normal: {
                        opacity: 0.9,           //关系连接线的不透明度为0.9
                        width: 3,               //关系连接线的宽度
                        curveness: 0            //关系连接线的弯曲程度
                    }
                }
            }
        ]
};
```

4.17 本章小结

本章详细讲述了 16 种可视化图的具体实践过程，对 ECharts 可视化的代码加入了详细注释，希望读者在实践代码时可以多多调整参数，以加深了解。在本章的代码实践过程中会经常使用到上一章讲述的 ECharts 的各种组件，由于本章着重讲解每种可视化图的数据结构与样式设置，并没有花太多精力在 ECharts 组件上，所以希望读者可以在本章代码的基础上增添各种 ECharts 组件，完善可视化图，达到熟能生巧的效果。

05 CHAPTER

第5章 色彩搭配

一幅或一系列好的可视化作品，会对色彩有较高要求。通过合适的色彩搭配，制作出的可视化产品更适合当前场景，更能满足可视化需求，这也是我们平时提到喜庆红、科技蓝的原因。

在本章中，我们会介绍 ECharts 提供的色彩主题，帮助大家学会使用这些色彩主题，以及使用工具便捷搭配需要的色彩，以达到需要的色彩展示效果。

5.1 色彩主题

在 ECharts 的官网主页菜单的“下载”选项中选择“主题下载”，会跳转到 ECharts 提供的主题下载页面（https://echarts.apache.org/zh/download-theme.html），如图 5-1 所示。

ECharts 官方提供了多种可选的主题，包括 vintage、dark、macarons、infographic 等。通过图 5-1 可以发现，所谓的色彩主题就是在该主题下的一系列可视化图的色彩都遵循的主题配色，它帮助我们统一了可视化图的色彩样式。

点击任意一个主题即可进行下载，例如点击 macarons 主题，下载后，我们发现是一个名为“macarons.js”的 js 文件。接下来我们通过调用主题实现主题效果。

先看一个没有使用主题的 ECharts 可视化效果，如图 5-2 所示。

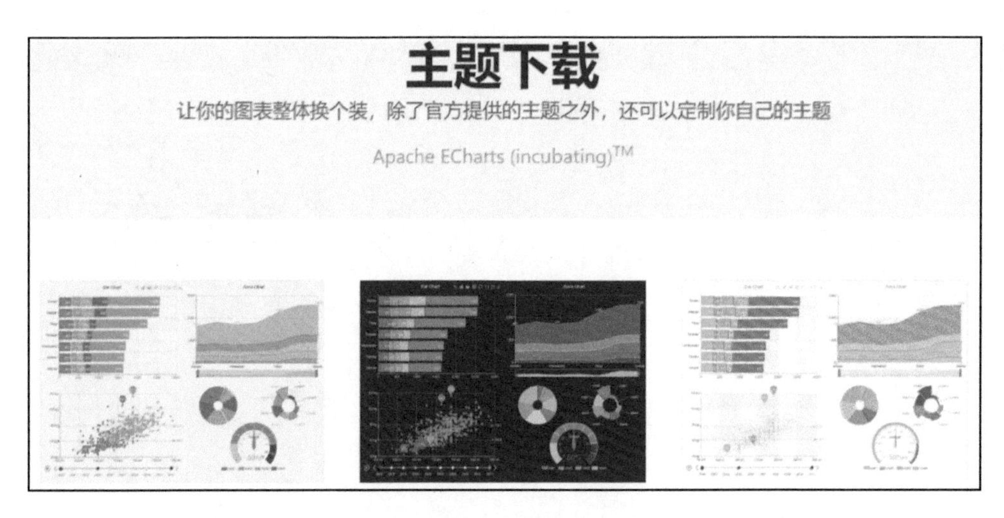

图 5-1　主题下载

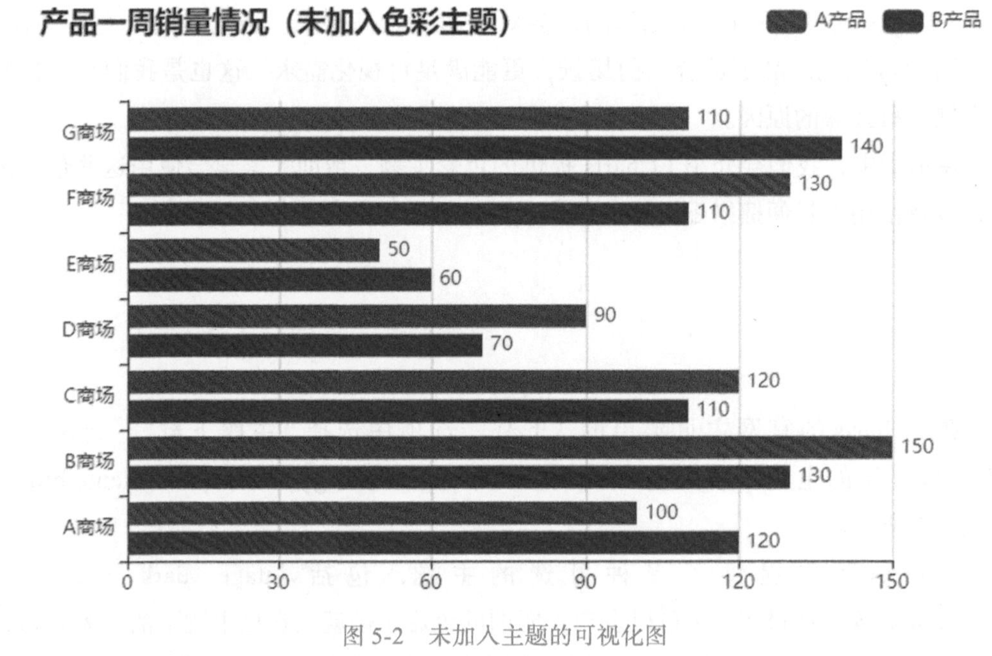

图 5-2　未加入主题的可视化图

对应的完整代码如下：

```
option = {
<!DOCTYPE html>
```

```
<html>
<head>
    <meta charset="utf-8">
    <title>ECharts</title>
    <!--引入echarts.js -->
    <script src="echarts.js"></script>
</head>
<body>
    <!--为ECharts准备一个具备大小（宽高）的DOM -->
    <div id="main" style="width: 600px;height:400px;"></div>
    <script type="text/javascript">
        //基于准备好的DOM，初始化ECharts实例
        var myChart = echarts.init(document.getElementById('main'));

        //指定图表的配置项和数据
        var option = {
            title: {
                text: '产品一周销量情况（未加入色彩主题）'
            },
            xAxis: {
                type: 'value'
            },
            yAxis: {
                type: 'category',
                data: ['A商场', 'B商场', 'C商场', 'D商场', 'E商场', 'F商场', 'G商场']
            },
            legend: {
                data: ['A产品', 'B产品'],
                left: 'right'
            },
            series: [{
                name: 'A产品',
                data: [100, 150, 120, 90, 50, 130, 110],
                type: 'bar',
                label: {
                    show: true,
                    position: 'right'
                }
            },
            {
                name: 'B产品',
                data: [120, 130, 110, 70, 60, 110, 140],
                type: 'bar',
                label: {
                    show: true,
```

```
                        position: 'right'
                    }
                }]
            };
            //使用刚指定的配置项和数据显示图表
            myChart.setOption(option);
        </script>
    </body>
    </html>
```

如果使用 macarons 色彩主题，结果如图 5-3 所示。

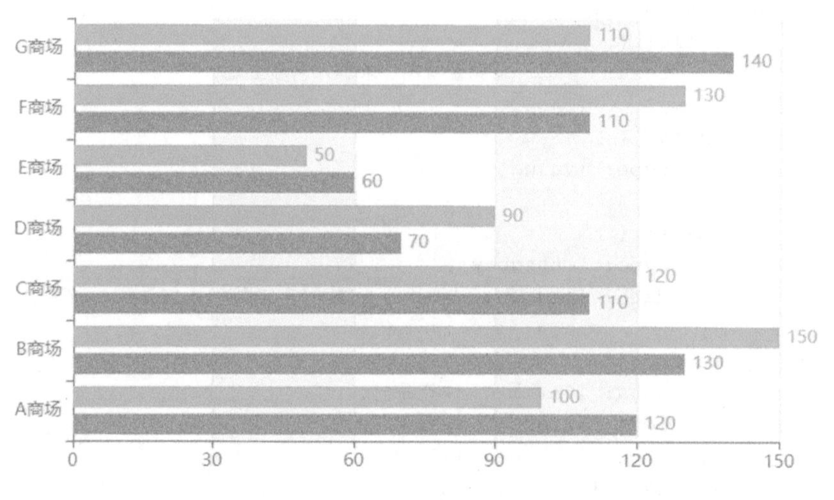

图 5-3　加入了主题的可视化图

对应的代码如下：

```
option = {
<!DOCTYPE html>
<html>
<head>
    <meta charset="utf-8">
    <title>ECharts</title>
    <!--引入echarts.js -->
    <script src="echarts.js"></script>
        <!--引入macarons主题-->
```

```
        <script src="macarons.js"></script>
</head>
<body>
    <!--为ECharts准备一个具备大小（宽高）的DOM-->
    <div id="main" style="width: 600px;height:400px;"></div>
    <script type="text/javascript">
        //基于准备好的DOM，初始化ECharts实例
        //第二个参数可以指定前面引入的主题
        var myChart = echarts.init(document.getElementById('main'), 'maca-
           rons');

        //指定图表的配置项和数据
        var option = {
            title: {
                text: '产品一周销量情况（加入了色彩主题）'
            },
            xAxis: {
                type: 'value'
            },
            yAxis: {
                type: 'category',
                data: ['A商场', 'B商场', 'C商场', 'D商场', 'E商场', 'F商场', 'G商场']
            },
            legend: {
                data: ['A产品', 'B产品'],
                left: 'right'
            },
            series: [{
                name: 'A产品',
                data: [100, 150, 120, 90, 50, 130, 110],
                type: 'bar',
                label: {
                    show: true,
                    position: 'right'
                }
            },
            {
                name: 'B产品',
                data: [120, 130, 110, 70, 60, 110, 140],
                type: 'bar',
                label: {
                    show: true,
                    position: 'right'
```

```
                }
            }]
        };
        //使用刚指定的配置项和数据显示图表
        myChart.setOption(option);
    </script>
</body>
</html>
```

观察代码可以发现，这里通过“<script src="macarons.js"></script>”引入了 macarons 色彩主题，并且在初始化 ECharts 时使用了主题“var myChart = echarts.init(document.getElementById('main'), 'macarons');”。

需要注意的是，代码中在引入主题和 echarts.js 时没有加路径，这是因为我将它们存放在可视化 HTML 文件所在的文件夹中，如图 5-4 所示。

名称	修改日期	类型	大小
echarts.js	2019/3/21 星期四 18:...	JavaScript 文件	2,826 KB
macarons.js	2020/2/8 星期六 20:21	JavaScript 文件	5 KB
加入了色彩主题的可视化.html	2020/2/8 星期六 21:10	Chrome HTML D...	2 KB
未加入色彩主题的可视化.html	2020/2/8 星期六 20:53	Chrome HTML D...	2 KB

图 5-4　文件存放在同一个文件夹中

大家可以尝试下载 ECharts 官方提供的其他色彩主题，并在前几章的可视化效果中加上相同或不同的色彩主题，以观察色彩主题的效果。

5.2　色彩设置

在学会使用色彩主题后，你可能还会遇到一个问题，就是如果你想自己搭配色彩或者在官方主题的基础上修改，要怎么办呢？这里向大家推荐一个所见即所得的色彩设置工具（也是 ECharts 官方提供的）。在 ECharts 的官网主页菜单的“资源”选项中选择“主题构建工具”，会跳转到 ECharts 提供的主题构建工具页面（https://echarts.apache.org/zh/theme-builder.html），如图 5-5 所示。

点击左侧的默认方案，可以通过改变主题名称识别其对应的色彩主题，例如之前提到的 macarons 色彩主题，如图 5-6 所示。

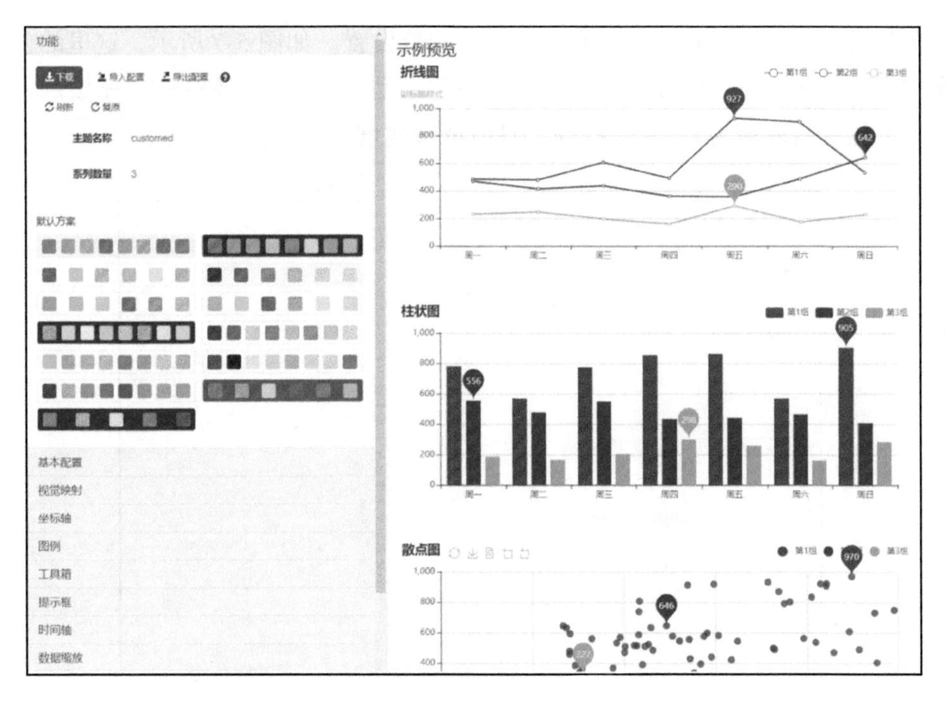

图 5-5　主题构建工具

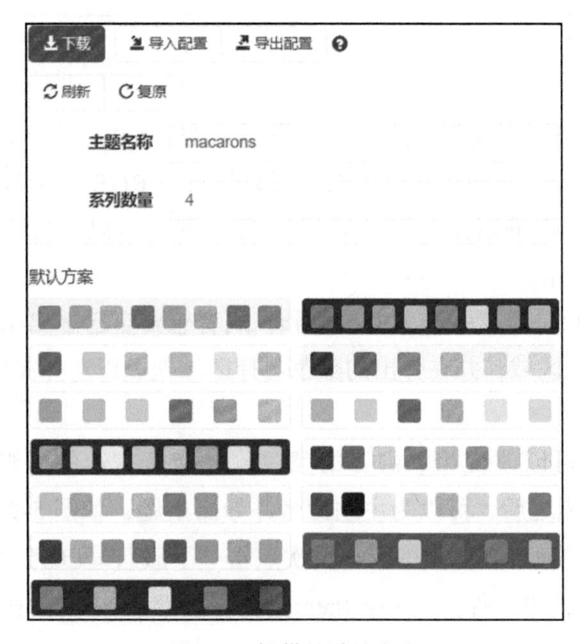

图 5-6　提供的默认方案

在左侧的页面往下翻，可以看到每一项颜色设置。如图 5-7 所示，这里的色彩代码是“#2ec7c9”，这种格式其实是 RGB 颜色，是通过十六进制将 RGB 颜色表达出来，每个位置的取值为 0～9、A～F，且值依次递增。

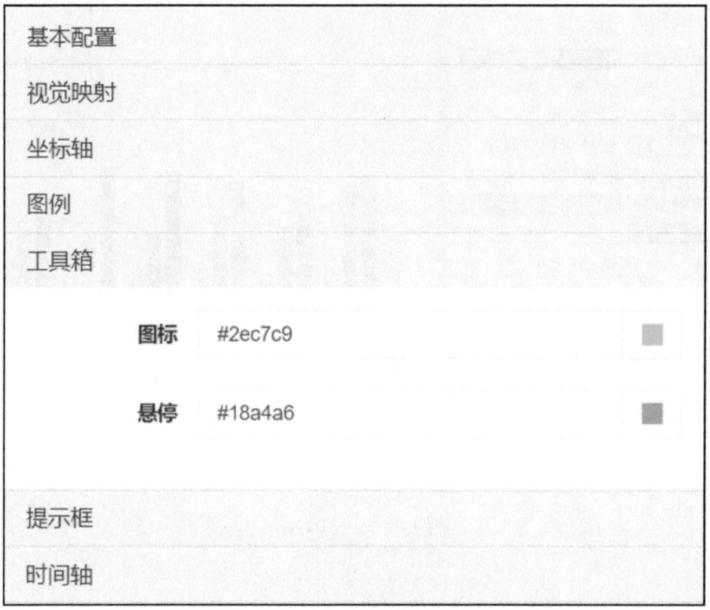

图 5-7　RGB 颜色设置

可以通过网络查询到纯红对应的十六进制为 #FF0000，其 RGB 取值为（255, 0, 0）。细心的读者可能会发现每两位十六进制数值对应 RGB 三个数值的其中一个。例如这里的 R 为 255（十进制），对应十六进制 FF。我们可以自行搜索获得各种色彩对应的 RGB 颜色来使用。

当然，如果你只是需要一个大概的色彩，或者想要自己选出满意的色彩，可以点击图 5-7 所示的颜色区域，并在弹出的颜色选择区域拖曳以选择需要的颜色，如图 5-8 所示。

使用这些方法可以改变相关内容的颜色，并能从右边的可视化实时观察变化。当设置好满意的颜色之后，可以为主题命名并导出主题，如图 5-9 所示。

点击“下载”按钮，在弹出的窗口再次点击“下载”，发现会下载一个 JavaScript 文件，例如这里下载的文件为“ my_theme.js”，按照上一小节中介绍的方法即可使用该自定义色彩主题。

图 5-8　自由选择色彩

图 5-9　导出主题配置

有时，当设置好色彩主题并保存下来之后，却发现有些地方的色彩需要修改，应该怎么办呢？

此时可以在 option 中覆盖掉原来的部分主题样式，例如使用了“ mararons”主题样式，但现在需要将 title 的字体颜色改为纯红色（#FF0000），则直接在 option 中指定相关参数的取值即可，这里是将 title 的 textStyle 中的 color 参数取值设置为“#FF0000”，可视化结果如图 5-10 所示。

对应的代码如下：

```
option = {
<!DOCTYPE html>
```

```
<html>
<head>
    <meta charset="utf-8">
    <title>ECharts</title>
    <!--引入echarts.js -->
    <script src="echarts.js"></script>
    <!--引入macarons主题-->
    <script src="macarons.js"></script>
</head>
<body>
    <!--为ECharts准备一个具备大小（宽高）的DOM -->
    <div id="main" style="width: 600px;height:400px;"></div>
    <script type="text/javascript">
        //基于准备好的DOM，初始化ECharts实例
        //第二个参数可以指定前面引入的主题
        var myChart = echarts.init(document.getElementById('main'), 'macar-
           ons');

        //指定图表的配置项和数据
        var option = {
            title: {
                text: '产品一周销量情况（加入了色彩主题）',
                textStyle: {
                    color: '#FF0000'
                }
            },
            xAxis: {
                type: 'value'
            },
            yAxis: {
                type: 'category',
                data: ['A商场', 'B商场', 'C商场', 'D商场', 'E商场', 'F商场', 'G商场']
            },
            legend: {
                data: ['A产品', 'B产品'],
                left: 'right'
            },
            series: [{
                name: 'A产品',
                data: [100, 150, 120, 90, 50, 130, 110],
                type: 'bar',
                label: {
                        show: true,
                        position: 'right'
```

```
                }
            },
            {
                name: 'B产品',
                data: [120, 130, 110, 70, 60, 110, 140],
                type: 'bar',
                label: {
                        show: true,
                        position: 'right'
                }
            }]
            };

        //使用刚指定的配置项和数据显示图表
        myChart.setOption(option);
    </script>
</body>
</html>
```

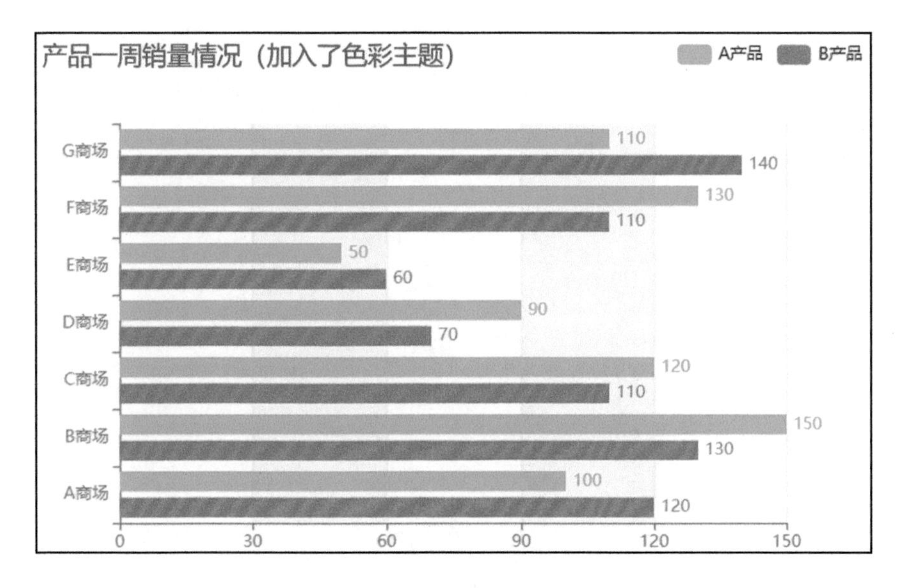

图 5-10　在色彩主题基础上修改

5.3　本章小结

本章专注于讲述如何实现绚丽色彩的可视化效果，从如何使用 ECharts 提供的色彩主题，到如何自定义自己想要的色彩主题，以及如何微调覆盖原有色彩主题的部分内容。

色彩主题的制定大有讲究，因为它体现了个人对场景的理解和审美，用错场景的色彩主题会实现相反效果。关于这个内容，大家可以多去观察不同场景下可视化色彩主题的风格，以便加深理解。

06 CHAPTER

第6章

带有时间轴的复杂动态可视化案例

在前面的章节中，我们学习了 ECharts 的各种工具和可视化图表类型。本章将学习 ECharts 可视化的优势之一，即带有时间轴的复杂动态可视化。

注意，在做可视化图之前，首先要明确需求，然后合理制定制作步骤。例如，在需求不明确的情况下，很多人在制作过程中容易偏离最终目标，导致将大量时间投入在细枝末节上。

本章的需求是制作带有时间轴的复杂动态可视化，其重点是“带时间轴”和“动态”，所以可想而知，数据中会有时间序列相关数据，而可视化会随着时间的变化呈现相应动态变化的效果。

6.1 带时间轴的可视化图

前面第 3 章初步提到了时间轴，这里要制作的是时下很流行的一种动态可视化图表，它可以很形象地展示随着时间轴变化，排行榜上各项数据的变化。例如图 6-1 可以展示随着时间推移，销量前 5 名商品的累计销量排名情况。

从前两章的学习中可以发现，一幅完整的可视化图是由很多部分像搭积木般搭建出来的，所以要擅长对可视化图的拆解分析。在对图进行拆解时，首先是标题位置会随时间变化而变化，标题的时间推移代表了时间轴的变化。其次是数据部分，如图 6-1 所示，这里每次展示的是排行榜前 5 名的数据，并且每天展示的前 5 名商品累计销量与当天的前 5 名数据是对应的，由条形图展示。

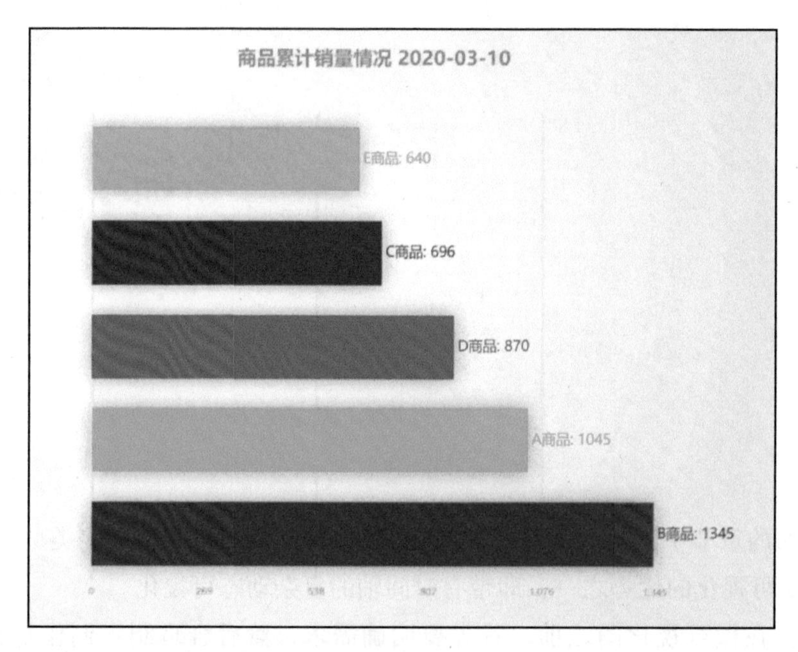

a)

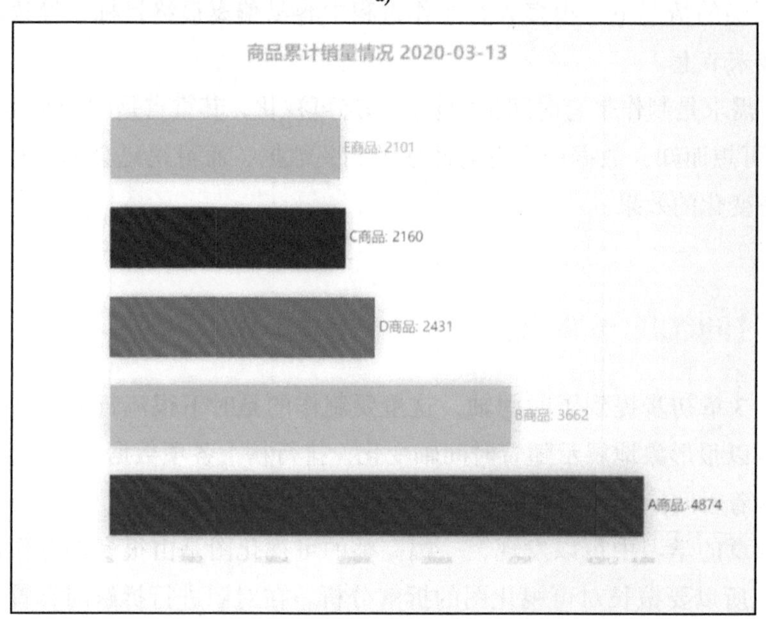

b)

图 6-1　随时间变化的动态排行榜

6.2 可视化制作全流程

首先需要准备数据部分，因为要展示的是每天的排名数据，所以需要将商品名称和累计销量对应起来。具体代码如下：

```
var rankData = [{'date': '2020-03-14',
        'category': '2020-03-14',
        'data': [
            {'name': 'A商品', 'value': 6509},
            {'name': 'B商品', 'value': 4791},
            {'name': 'C商品', 'value': 3447},
            {'name': 'D商品', 'value': 2906},
            {'name': 'E商品', 'value': 2611},
        ]},
        {'date': '2020-03-13',
        'category': '2020-03-13',
        'data': [
            {'name': 'A商品', 'value': 4874},
            {'name': 'B商品', 'value': 3662},
            {'name': 'D商品', 'value': 2431},
            {'name': 'C商品', 'value': 2160},
            {'name': 'E商品', 'value': 2101},
        ]},
        {'date': '2020-03-12',
        'category': '2020-03-12',
        'data': [
            {'name': 'A商品', 'value': 3751},
            {'name': 'B商品', 'value': 3398},
            {'name': 'D商品', 'value': 2129},
            {'name': 'C商品', 'value': 2110},
            {'name': 'E商品', 'value': 2088},
        ]},
        {'date': '2020-03-11',
        'category': '2020-03-11',
        'data': [
            {'name': 'A商品', 'value': 2642},
            {'name': 'B商品', 'value': 2332},
            {'name': 'D商品', 'value': 1095},
            {'name': 'C商品', 'value': 1075},
            {'name': 'E商品', 'value': 1063},
        ]},
        {'date': '2020-03-10',
        'category': '2020-03-10',
```

```
        'data': [
            {'name': 'B商品', 'value': 1345},
            {'name': 'A商品', 'value': 1045},
            {'name': 'D商品', 'value': 870},
            {'name': 'C商品', 'value': 696},
            {'name': 'E商品', 'value': 640},
        ]},
];
```

通过观察可以发现，代码中定义了一个名为rankData的变量存放数据，它是一个列表，其中有多个字典，每个字典代表了某天的数据情况，字典包含几个部分，分别是日期（date）、分类（category）和具体数据（data），其中数据内部又包含每个商品的累计销量情况。

然后定义一些其他内容，包括标题（title）的固定部分为“商品累计销量情况”以及播放时可视化动态变化的时间间隔（playInterval）。由于每天的销量数据已经按照降序排列，之后的两层for循环的目的是在每天排行榜上对应的位置使用对应的颜色。具体代码如下：

```
var title = '商品累计销量情况';
var playInterval = 1000;                          //时间间隔
//排行颜色
var colorListS1 = [];
var colors = []
for (var i = 0; i < rankData.length; i++) {
    var colorListF1 = {};
    for (var n = 0; n < rankData[i].data.length; n++) {
                                                  //每阶段内部循环
        var name = rankData[i].data[n].name;      //排行榜上项目的名称
        colorListF1[name] = colors[n];            //排行榜上项目名称和对应的颜色，
                                                  //其中每个排名位置的颜色不变
    }
    colorListS1[i] = colorListF1;                 //每次排行榜的数据字典放入总体的
                                                  //列表中
}
```

接着设置option内的内容，这部分是设置option中固定的部分，也就是不需要随时间和数据内容变化的部分，主要包括动画效果设置、时间轴设置（timeline）、标题设置（title）、网格设置（grid）、x轴设置（xAxis）、y轴设置（yAxis）、数据设置（series）。具体代码如下：

```
//基础设置
var option = {
    baseOption: {
        animationDurationUpdate: playInterval * 1.5,
                                                //数据更新动画的时长
        animationEasingUpdate: 'quinticInOut'//数据更新动画的缓动效果
        timeline: {                             //时间轴相关参数
            show: false,                        //隐藏时间轴
            axisType: 'category',               //轴的类型：类别型
            orient: 'vertical',                 //摆放方式：竖直放置
            autoPlay: true,                     //自动播放
            loop: false,                        //不循环播放
            playInterval: playInterval,         //表示播放的速度（跳动的间隔），
                                                //单位毫秒（ms）
            left: null,                         //timeline组件离容器左侧的距离
            right: 30,                          //timeline组件离容器右侧的距离
            top: 330,                           //timeline组件离容器上侧的距离
            bottom: 100,                        //timeline组件离容器下侧的距离
            height: null,
            label: {
                normal: {
                    show: true,                 //显示轴线
                    color: '#ccc',              //时间线的颜色
                }
            },
            checkpointStyle: {                  //当前项的图形样式，时间轴上显示
                symbol: 'none',                 //标记的图形样式
                color: '#bbb',                  //颜色
                borderColor: '#777',            //边框颜色
                show: false,                    //不显示
                borderWidth: 1                  //边框宽度
            },
            controlStyle: {                     //“控制按钮”的样式。控制按钮包括
                                                //播放按钮、前进按钮和后退按钮
                showNextBtn: false,             //不显示前进按钮
                showPrevBtn: false,             //不显示后退按钮
                normal: {
                    color: '#666',
                    show: false,
                    borderColor: '#666'
                },
                emphasis: {                     //高亮状态相关设置
                    color: '#aaa',
                    borderColor: '#aaa'
```

```
                    }
                },
                data: rankData.map(function(ele) { //获取列表中每个元素的data部分
                    return ele.date
                })
            },
            title: [{                                       //标题相关设置
                left: 'center',
                top: '3%',
                textStyle: {
                    fontSize: 25,
                    color: 'rgba(121,121,121, 0.9)'
                }
            }, {
                left: 'center',
                top: '5%'
            }],
            grid: [{                                        //网格相关设置
                left: '20%',
                right: '20%',
                top: '12%',
                height: 'auto',
                bottom: '25%'
            }],
            xAxis: [{
            }],
            yAxis: [{
            }],
            series: [{                                      //图表相关设置
                id: 'bar',
                type: 'bar',                                //条形图
                barWidth: '80',
                tooltip: {
                    show: false
                },
                label: {
                    normal: {
                        show: true,
                        position: 'right'
                    }
                },
                data: []
            }]
        },
        options: []
    };
```

由于是动态的可视化，所以每次显示的内容除了以上固定不变的部分，还有变化的部分，主要是与数据相关的展示。以下代码主要完成以循环的方式将数据加入可视化模板代码中，用到了 option 的 push 方法以加入数据相关的内容。

```
var xMaxInterval = 5;
for (var i = rankData.length - 1; i > 0; i--) {         //外循环
    var xMax = 20;
    if (rankData[i].data[0].value > 20) {               //当此排行中第一个数据大
                                                        //于20时
        xMax = 'dataMax'                                //取数据在该轴上的最大值
                                                        //作为最大刻度
    }
    if (rankData[i].data[0].value / xMaxInterval >= 10) {
        xMaxInterval = rankData[i].data[0].value / 5 //减小最大间隔
    }
    option.options.push({                               //数据压入options，每
                                                        //次循环有一个option
        backgroundColor: new echarts.graphic.RadialGradient(0.3, 0.3, 0.8,
            [{                                          //背景的径向渐变
            offset: 0,
            color: '#f7f8fa'
        }, {
            offset: 1,
            color: '#cdd0d5'
        }]),
        title: {
            text: title + ' ' + rankData[i].category,//构造标题
            color: '#bfbfbf'
        },
        xAxis: [{                                       //x轴相关设置
            show: true,
            type: 'value',
            interval: xMaxInterval,                     //强制设置坐标轴分割间隔
            max: xMax,
            axisTick: {
                show: false                             //不显示坐标轴刻度
            },
            axisLabel: {                                //坐标轴刻度标签的相关设置
                show: true,
                color: 'rgba(121,121,121,0.9)',
                textStyle: {
                    color: 'rgba(121,121,121,0.9)'
                }
            },
```

```
            axisLine: {                             //坐标轴线相关设置
                show: false,
                lineStyle: {
                    color: 'rgba(121,121,121,0.3)'
                }
            },
            splitLine: {                            //坐标轴在grid区域中的分隔线
                show: true,
                lineStyle: {
                    color: ['rgba(121,121,121,0.3)', 'rgba(121,121,121,0)']
                }
            }
        }],
        yAxis: [{
            type: 'category',
            axisTick: {
                show: false
            },
            axisLine: {
                show: true,
                lineStyle: {
                    color: 'rgba(121,121,121,0.3)'
                }
            },
            axisLabel: {
                show: false,
                textStyle: {}
            },
            data: rankData[i].data.map(function(ele) {
                                                    //拿到每个项目元素的名称
                return ele.name
            })
        }],
        series: [{
            id: 'bar',
                                                    //组件ID。默认不指定。指定则可用
                                                    //于在option或者API中引用组件
            itemStyle: {
                normal: {
                    color: function(params) { //设置一个颜色数组，最好比序列内
                                                    //的数据点个数大或者相等
                                                    //根据当前数据点在当前序列内所处
                                                    //的顺序序号去颜色数组内自动匹配
                                                    //颜色
                        var colorListr = [
```

```
                        '#0f4471',
                        '#00adb5',
                        '#ff5722',
                        '#5628b4',
                        '#20BF55',
                        '#f23557',
                    ];
                    return colorListr[params.dataIndex]
                },
                label: {
                    show: true,
                    fontSize: 18,
                    position: 'top',
                    formatter: '{c}%'
                },
                shadowBlur: 20,
                shadowColor: 'rgba(40, 40, 40, 0.5)',
            }
        },
        label: {                                        //条形图的标签
            normal: {
                position: 'right',                      //标签显示位置
                formatter: function(p) {
                    return p.name + ": " + p.value; //标签显示元素名称和具体值
                }
            }
        },
        data: rankData[i].data.map(function(ele) {
            return ele.value
        }).sort(function(a, b) {
            return a > b
        })
    }]
  })
}
```

将以上代码前后串联起来即可完成动态可视化。

6.3　本章小结

本章专注于带时间轴的复杂动态可视化，从确定可视化需求到选择合适的图表，

之后详细讲解了时下较为流行的随时间变化排行榜数据的动态展示。虽然代码较为复杂，但本书将代码拆解为数据准备部分、固定显示部分和动态数据显示部分，使内容更容易理解。学完本章后，希望读者可以选择其他时间序列数据，制作自己需要的排行榜动态可视化。

07 CHAPTER

第7章

ECharts 不同场景 Dashboard 制作案例

上一章详细讲解了带时间轴的复杂动态可视化案例，本章将介绍如何制作不同场景的 Dashboard，并尝试以多图组合的方式呈现数据的魅力。

7.1 电商销售情况可视化案例

Dashboard 是商业智能仪表盘的简称，主要用来呈现数据可视化效果。它可以用可视化的方式为企业和用户展现度量信息和关键业务指标，通常由一些关键指标和多张可视化图组成，包括条形图、折线图、环形图等。图 7-1 是某电商销售情况的可视化展示。

通过图 7-1，我们可以很直观地看到一些电商订单的信息，包括今日订单总金额、今日成交订单数、今日取消订单数、订单成功占比、订单分布情况以及订单量随时间变化情况等。这些信息可以帮助企业和用户了解他们所关心的内容，辅助其做出决策。

接下来我们看看这个 Dashboard 是如何通过 ECharts 实现的。首先，将所有文字信息都放在 title 的列表中，主要包括文字内容、*x* 方向偏移、*y* 方向偏移、字体大小等。条形图与折线图的位置及所占空间区域需要通过 grid 来设定。在 grid 中通过上下左右方位设定可视化图所占空间区域。图的 gridindex 需要与 *x* 轴、*y* 轴匹配，一般会省略 gridindex 为 0 的情况，将 gridindex 设为 1。因为 Dashboard 中有多张可视化图，所以要把握好各可视化图之间的对应关系。关于如何绘制各类可视化图，前文已有详细讲解，这里不再赘述。上述 Dashboard 的具体实现代码如下：

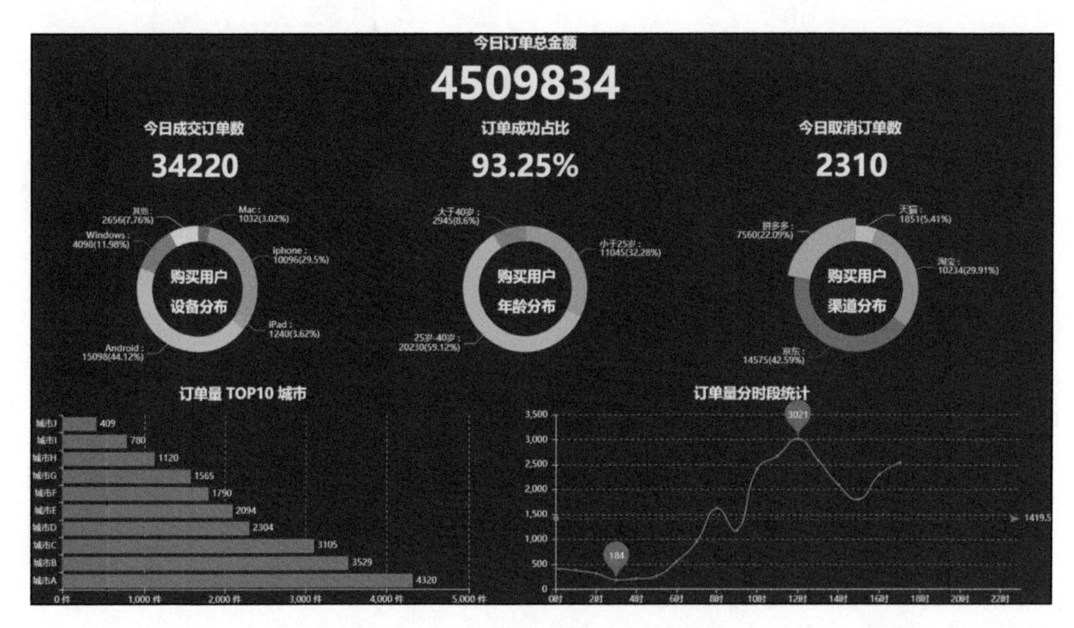

图 7-1 电商销售情况 Dashboard

```
var option = {
    title: [ //所有文字信息
        {text: '今日订单总金额',x: 'center',y: '4.5%',
        textStyle: {fontSize: 20}},
                   {text: '今日成交订单数',x: '14.7%',y: '18%',
                    textStyle: {fontSize: 20}},
                   {text: '34220',x: '15.3%',y: '23%',
                    textStyle: {fontSize: 40}},
                   {text: '订单成功占比',x: 'center',y: '18%',
                    textStyle: {fontSize: 20}},
                   {text: '93.25%',x: 'center',y: '23%',
                    textStyle: {fontSize: 40}},
                   {text: '今日取消订单数',x: '74.5%',y: '18%',
                    textStyle: {fontSize: 20}},
                   {text: '2310',x: '76%',y: '23%',
                    textStyle: {fontSize: 40}},
                   {text: '购买用户\n\n设备分布',
```

```
                x: '19.8%',y: '45%',
                textAlign: 'center',textBaseline: 'middle',
                textStyle: {fontSize: 20}},
               {text: '购买用户\n\n年龄分布',
                x: '49.8%',y: '45%',
                textAlign: 'center',textBaseline: 'middle',
                textStyle: {fontSize: 20}},
               {text: '购买用户\n\n渠道分布',
                x: '79.8%',y: '45%',
                textAlign: 'center',textBaseline: 'middle',
                textStyle: {fontSize: 20}},
               {text: '4509834',x: 'center',y: '9%',
                textStyle: {fontSize: 60}},
               {text: '订单量TOP10城市',x: '18%',y: '60%',
                textStyle: {fontSize: 20}},
               {text: '订单量分时段统计',x: '65%',y: '60%',
                textStyle: {fontSize: 20}}],
tooltip: {
    trigger: 'axis',
    axisPointer: {type: 'shadow'}},
backgroundColor:'rgba(20,20,100,1)', //背景色
grid: [{left: '5%', //网格部分
        right: '55%',
        top: '65%',
        bottom: '5%',
        containLabel: true},
       {gridindex: 1,
        left: '50%',
        right: '5%',
        top: '65%',
        bottom: '5%',
        containLabel: true}],
xAxis:[{type: 'value', // x轴
        axisLabel: {
        formatter: '{value}件'},
        boundaryGap: [0, 0.02]},
       {gridIndex: 1,
        type: 'category',
        boundaryGap: false,
        data: ['0时', '1时', '2时', '3时', '4时', '5时',
               '6时', '7时', '8时', '9时', '10时', '11时',
               '12时', '13时', '14时', '15时', '16时', '17时',
               '18时', '19时', '20时', '21时', '22时', '23时']}],
```

```
yAxis:[{type: 'category', // y轴
        data: ['城市A', '城市B', '城市C', '城市D', '城市E',
               '城市F', '城市G', '城市H', '城市I', '城市J'],
        axisLabel: {interval: 0}},
       {gridIndex: 1,
        type: 'value',
        axisLabel: {formatter: '{value} '}}],
series:[{type: 'bar', //条形图
        label: {normal: {
               show: true,
               position: 'right'}},
        data: [4320, 3529, 3105, 2304, 2094,
               1790, 1565, 1120, 780, 409]},
       {type: 'pie', //饼图
        center: ['20%', '45%'],
        radius: ['15%', '20%'],
        label: {normal: {formatter: '{b} :\n{c}({d}%)'}},
        data: [{value: 1032,name: 'Mac'},
               {value: 10096,name: 'iphone'},
               {value: 1240,name: 'iPad'},
               {value: 15098,name: 'Android'},
               {value: 4098,name: 'Windows'},
               {value: 2656,name: '其他'}]},
       {type: 'pie', //饼图
        center: ['50%', '45%'],
        radius: ['15%', '20%'],
        label: {
            normal: {formatter: '{b} :\n{c}({d}%)'}},
        data: [{value: 11045,name: '小于25岁'},
               {value: 20230,name: '25岁-40岁'},
               {value: 2945,name: '大于40岁'}]},
       {type: 'pie', //饼图
        center: ['80%', '45%'],
        radius: ['15%', '20%'],
        label: {normal: {formatter: '{b} :\n{c}({d}%)'}},
        data: [{value: 1851,name: '天猫'},
               {value: 10234,name: '淘宝'},
               {value: 14575,name: '京东'},
               {value: 7560,name: '拼多多'}]},
       {xAxisIndex: 1,
        yAxisIndex: 1,
        type: 'line', //折线图
        data: ['416', '382', '318', '184', '215', '265',
              '557', '954', '1627', '1180', '2416', '2678',
```

```
                '3021', '2590','2100','1809','2300','2539'],
            smooth: true,
            markPoint: {
                data: [{type: 'max',name: '最大值',symbolSize: 60},
                       {type: 'min',name: '最小值',symbolSize: 60}],
                itemStyle: {normal: {color: '#F36100'}}},
            markLine: {
                data: [{type: 'average',name: '平均值'}]
            }
        }
    ]
};
```

7.2　车联网情况可视化案例

接下来我们制作一个展示车联网相关情况的Dashboard，希望可以通过这个Dashboard实时观察车辆行驶的各维度信息，包括车辆总数、车辆行驶数、行驶里程总数、行驶里程平均数、行驶时长总数、行驶时长平均数、不同车辆的统计信息、不同车辆报警信息、车辆状态统计、车辆不同时段的行驶情况等。

在制作Dashboard时，我们使用了macarons主题风格，具体实现代码如下：

```
var option = {
    title: [ //文本数值显示
            {text: '车辆总数(辆)',x: '7%',y: '7%',
             textStyle: {fontSize: 20}},
            {text: '34220',x: '7.6%',y: '11%',
             textStyle: {fontSize: 30}},
            {text: '车辆行驶数(辆)',x: '19%',y: '7%',
             textStyle: {fontSize: 20}},
            {text: '34220',x: '20.3%',y: '11%',
             textStyle: {fontSize: 30}},
            {text: '行驶里程总数(km)',x: '34%',y: '7%',
             textStyle: {fontSize: 20}},
            {text: '34220',x: '36.3%',y: '11%',
             textStyle: {fontSize: 30}},
            {text: '行驶里程平均数(km)',x: '50%',y: '7%',
             textStyle: {fontSize: 20}},
            {text: '34220',x: '53.2%',y: '11%',
             textStyle: {fontSize: 30}},
            {text: '行驶时长总数(h)',x: '69%',y: '7%',
```

```
            textStyle: {fontSize: 20}},
           {text: '34220',x: '71.2%',y: '11%',
            textStyle: {fontSize: 30}},
           {text: '行驶时长平均数(h)',x: '83%',y: '7%',
            textStyle: {fontSize: 20}},
           {text: '34220',x: '85.6%',y: '11%',
            textStyle: {fontSize: 30}},
           { //饼图
            text: '车辆类型统计',x: '25%',y: '20%',
            textAlign: 'center',
            textStyle: {fontSize: 20}},
           { //饼图
            text: '车辆报警统计',x: '67.5%',y: '20%',
            textStyle: {fontSize: 20}},
           { //堆积柱状图
            text: '车辆状态统计',x: '25%',y: '58%',
            textAlign: 'center',
            textStyle: {fontSize: 20}},
           {text: '车辆行驶数量',x: '67.5%',y: '58%',
            textStyle: {fontSize: 20}}],
tooltip: {
    trigger: 'axis',
    axisPointer: {type: 'shadow'}},
backgroundColor:'rgba(20,20,100,1)', //背景色
grid: [{left: '5%',right: '55%', //网格部分
      top: '65%',bottom: '5%',
      containLabel: true},
      {gridindex: 1,
      left: '50%',right: '5%',
      top: '65%',bottom: '5%',
      containLabel: true}],
xAxis: [{type: 'value', // x轴
      axisLabel: {formatter: '{value}辆'},
      boundaryGap: [0, 0.02]},
      {gridIndex: 1,
      type: 'category',
      boundaryGap: false,
      data: ['0时', '1时', '2时', '3时', '4时',
             '5时', '6时', '7时', '8时', '9时',
             '10时', '11时', '12时', '13时', '14时',
             '15时','16时', '17时', '18时', '19时',
             '20时','21时', '22时', '23时']}],
yAxis: [{type: 'category', // y轴
      data: ['客运车', '危险品运输车', '网约车', '校车', '私家车'],
      axisLabel: {interval: 0}},
      {gridIndex: 1,
```

```
        type: 'value',
        axisLabel: {formatter: '{value} '}}],
    legend: {data: ['停车', '行驶', '熄火', '离线'], //图例
           x: '12%',y: '62%',
           textStyle: {color: '#FCFCFC'}},
    series: [{ //饼图
        type: 'pie',
        center: ['25%', '42%'],
        radius: ['', '25%'],
        label: {normal: {formatter: '{b} :\n{c}({d}%)'}},
        data: [{value: 1032,name: '客运车'},
               {value: 10096,name: '危险品运输车'},
               {value: 1240,name: '网约车'},
               {value: 15098,name: '校车'},
               {value: 4098,name: '私家车'}]},
        { //饼图
        type: 'pie',
        center: ['73%', '42%'],
        radius: ['', '25%'],
        label: {normal: {formatter: '{b} :\n{c}({d}%)'}},
        data: [{value: 512,name: '超速'},
               {value: 302,name: 'SOS'},
               {value: 743,name: '偏移'},
               {value: 205,name: '其他'}]},
        {//堆积柱状图
        name: '停车',type: 'bar',stack: '总量',
        label: {show: true,position: 'inside'},
        data: [320, 302, 301, 334, 390]},
        {name: '行驶',type: 'bar',stack: '总量',
        label: {show: true,position: 'inside'},
        data: [120, 132, 101, 134, 90]},
        {name: '熄火',type: 'bar',stack: '总量',
        label: {show: true,position: 'inside'},
        data: [220, 182, 191, 234, 290]},
        {name: '离线',type: 'bar',stack: '总量',
        label: {show: true,position: 'inside'},
        data: [150, 212, 201, 154, 190]},
        {xAxisIndex: 1,yAxisIndex: 1,
        data: [820, 932, 901, 934, 1290, 1330,
               1320, 1200, 1134, 1034, 1123, 1290,
               1384, 1136, 984, 843, 934, 1034,
               1204, 1345, 1423, 1320, 1104, 873],
        type: 'line',smooth: true
      }
   ]
};
```

可视化效果如图7-2所示。

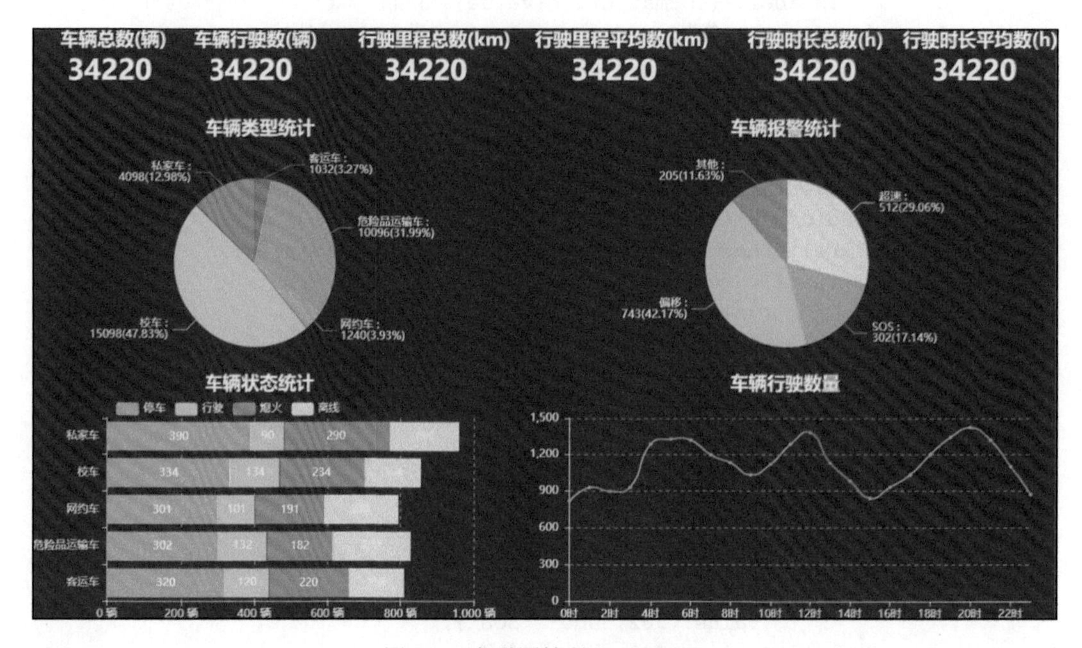

图7-2　车联网情况Dashboard

7.3　本章小结

本章通过两个在不同场景下使用ECharts制作Dashboard的实践案例，让读者初步了解ECharts的复杂多图展示。ECharts的可视化更像是一个“搭积木游戏”，读者可以通过将不同组件按要求组合来达到期望的可视化效果。建议读者在学完本章的内容后，能够尝试制作类似的可视化Dashboard以加深理解。如果你还没有想好制作什么Dashboard，可以从舆情分析Dashboard开始。

第 8 章 与 Python 结合的大数据可视化案例

通过第 7 章我们了解了如何使用 ECharts 搭建 Dashboard 的全流程，本章我们将学习如何将 Python 和 ECharts 结合实现大数据可视化。

8.1 如何快速结合 Python 与 ECharts

在介绍如何将 ECharts 与 Python 结合实现大数据可视化前，我们先简单了解下其背景。

8.1.1 环境准备

学习了之前章节的内容后，你可能会产生很多疑问。之前案例的数据量都比较小，如果是大数据的可视化，数据均存储在文件或者数据库中，要如何使用 ECharts 展示呢？如果在做数据分析时，想要使用 ECharts 展示可视化，要如何操作呢？

要想回答上面这些问题，就要用到一门编程语言—— Python。如果你是从事 IT 相关行业，相信你肯定知道这门近年来非常火爆的编程语言。Python 由于其简单易学、丰富的第三方包等特点，被广泛用于 Web 开发、数据分析挖掘、机器学习、深度学习等领域。

我们可以通过结合使用 Python 和 ECharts 来解决上述问题：通过 Python 编程处理大数据，然后将处理完的结果导入预先定义好的 ECharts 模板即可生成绚丽的 ECharts 可视化。下面来具体讲解可视化过程。

首先需要安装 Python 的集成环境 Anaconda。Anaconda 集成了 Python 常用的包，可以节省很多安装环境和包的时间。在 Anaconda 官网下载最新的版本（https://www.anaconda.com/distribution/），如图 8-1 所示。

图 8-1 Anaconda 官网下载页面

选择下载对应自己电脑的位数的 Python 版本（建议选择 Python 3.5 以上版本），正常安装即可。如果下载缓慢，可以考虑在国内清华镜像下载，地址为 https://mirrors.tuna.tsinghua.edu.cn/anaconda/archive/。

如果安装出现问题，可以在网络上搜集相关解决方案，内容相对简单，这里不再赘述。安装完 Anaconda 后，使用其中的 Jupyter Notebook 新建一个 Notebook，如图 8-2 所示。如果没有使用过 Jupyter Notebook 和 Python 编程语言，建议先学习下相关内容。

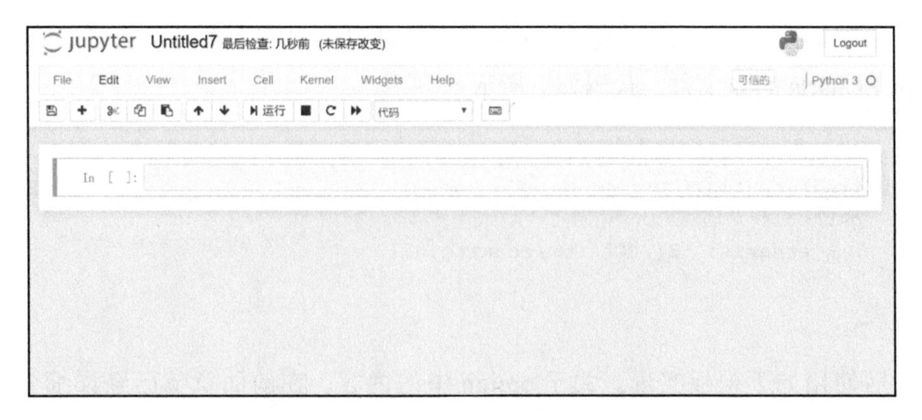

图 8-2　Jupyter Notebook 编程界面

8.1.2　使用 Jupyter 完成 ECharts 可视化

Jupyter Notebook 能够将每一步代码的执行结果保存并呈现出来，十分适合做数据分析可视化。注意，在 Jupyter 中书写 Python 代码时无须搭建相关环境。由于 ECharts 会使用到 JavaScript，所以要在 Jupyter 中的 JavaScript 代码段前加入“%%Javascript”表示该部分代码块为 JavaScript 代码，如图 8-3 所示。

```
In [1]: %%javascript
        requirejs.config({
            paths: {
                echarts: 'E:/ECharts/echarts.all',
            }
        });

In [2]: %%javascript
        element.append('<div id="chart" style="min-width: 400px; height: 400px"></div>');
        (function(element) {
            requirejs(['echarts'], function(echarts) {
                var option = {
                        title: {
                            text: '各商品销量占比',
                            subtext: 'A商场情况分析',
                            left: 'center'
                        },
                        tooltip: {
                            trigger: 'item',
                            formatter: '{a} <br/>{b} : {c} ({d}%)'
                        },
                        legend: {
                            orient: 'vertical',
                            left: 'left',
                            data: ['A商品', 'B商品', 'C商品', 'D商品', 'E商品']
                        },
                        series: [
                            {
                                name: '所售商品',
                                type: 'pie',
```

图 8-3　Jupyter notebook 中的 Javascript 代码

下面讲解使用 Jupyter 完成 ECharts 可视化的具体过程。首先，通过 requirejs 引入外部 ECharts 的 js 文件，代码如下所示：

```
%%javascript
requirejs.config({
    paths: {
        echarts: 'E:/ECharts/echarts.all',
    }
});
```

然后使用如下模板实现。关于 option 中的内容，在前面章节已经详细介绍过，这里不再赘述。

```
%%javascript
element.append('<div id="chart" style="min-width: 400px; height: 400px">
    </div>');
(function(element) {
    requirejs(['echarts'], function(echarts) {
        var option = {
            title: {
                text: '各商品销量占比',
                subtext: 'A商场情况分析',
                left: 'center'
            },
            tooltip: {
                trigger: 'item',
                formatter: '{a} <br/>{b} : {c} ({d}%)'
            },
            legend: {
                orient: 'vertical',
                left: 'left',
                data: ['A商品', 'B商品', 'C商品', 'D商品', 'E商品']
            },
            series: [
                {
                    name: '所售商品',
                    type: 'pie',
                    data: [
                        {value: 343, name: 'A商品'},
                        {value: 250, name: 'B商品'},
                        {value: 509, name: 'C商品'},
                        {value: 108, name: 'D商品'},
                        {value: 948, name: 'E商品'}
```

```
                    ],
                }
            ]
        };
        var myChart = echarts.init(document.getElementById('chart'));
        myChart.setOption(option);
        return {};
    });
})(element);
```

运行以上代码，可视化结果如图 8-4 所示。

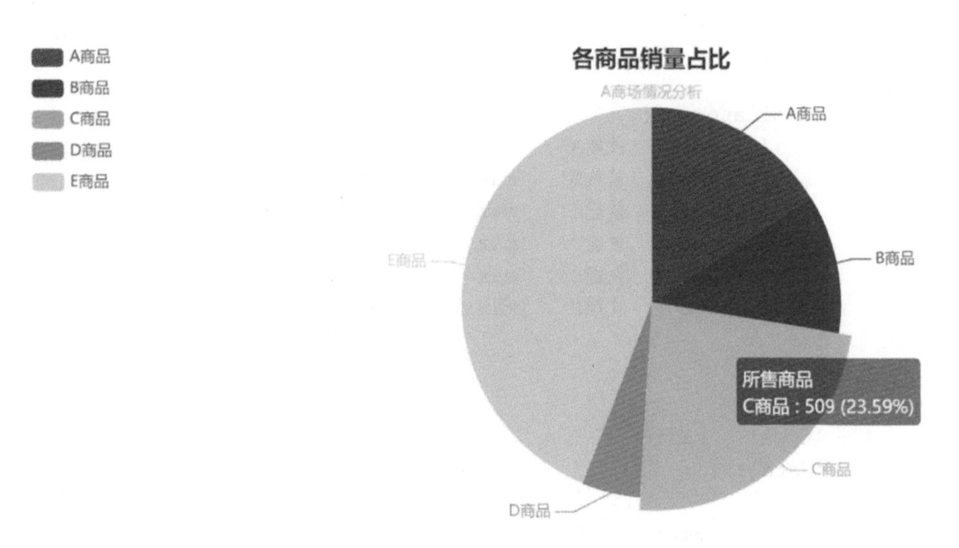

图 8-4 Jupyter Notebook 中的 ECharts 可视化

8.1.3 JSON 数据导入方式

字典是常用的数据结构，被广泛用于存放数据和相关设置参数，而 JSON 是字符串格式的字典，在 Python 中使用十分方便。通过设置字典结构的 option，然后转为 ECharts 所需要的 option 结构并传入，即可获得相应的 ECharts 可视化。代码如下：

```
import json
from IPython.core.display import Javascript

new_option = {
    'title': {
        'text': '雷达图'
```

```
        },
        'tooltip': {},
        'legend': {
            'data': ['1号员工', '2号员工']
        },
        'radar': {
            'name': {
                'textStyle': {
                    'color': '#fff',
                    'backgroundColor': '#999',
                    'borderRadius': 3,
                    'padding': [3, 5]
                }
            },
            'indicator': [
                { 'name': '技能A', 'max': 6500},
                { 'name': '技能B', 'max': 16000},
                { 'name': '技能C', 'max': 30000},
                { 'name': '技能D', 'max': 38000},
                { 'name': '技能E', 'max': 52000},
                { 'name': '技能F', 'max': 25000}
            ]
        },
        'series': [{
            'type': 'radar',
            'data': [
                {
                    'value': [4300, 10000, 28000, 35000, 50000, 19000],
                    'name': '1号员工'
                },
                {
                    'value': [5000, 14000, 28000, 31000, 42000, 21000],
                    'name': '2号员工'
                }
            ]
        }]
    };
    Javascript(f"window.new_option = JSON.parse('{json.dumps(new_option,
        ensure_ascii=False)}')")
```

由上述代码可知，导入Python的json库和Javascript模块，new_option是字典结构，通过json.dumps将其转化为JSON字符串，再通过JSON.parse方法将JSON字符串转为对象。之后执行如下代码实现可视化：

```
%%javascript
element.append('<div id="new_option_chart" style="min-width: 400px;
    height: 400px"></div>');
(function(element) {
    requirejs(['echarts'], function(echarts) {
        Var myChart =
            echarts.init(document.getElementById('new_option_chart'));
        myChart.setOption(new_option);
        return {};
    });
})(element);
```

可视化结果如图 8-5 所示。

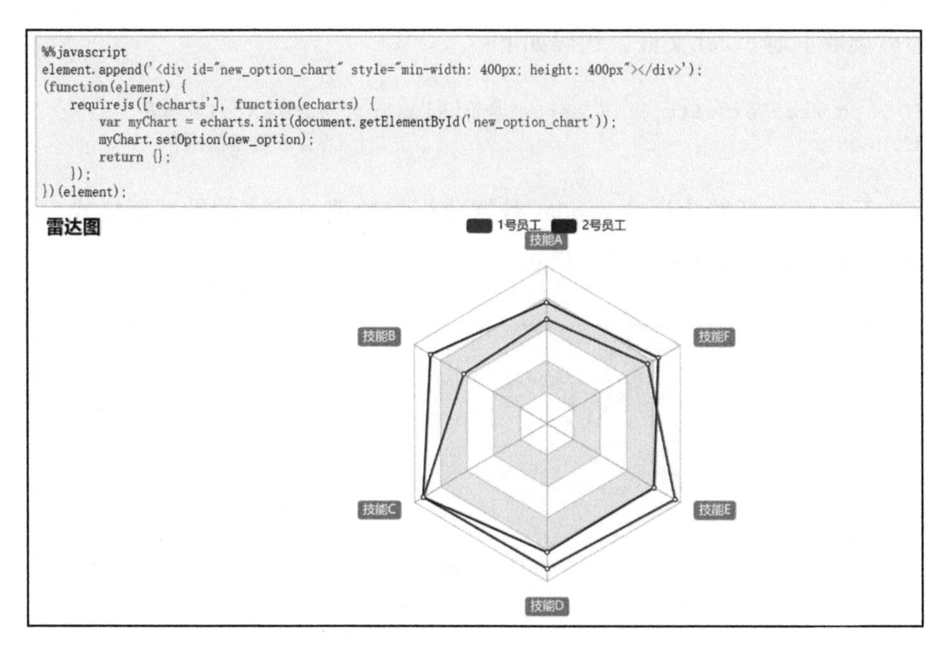

图 8-5　通过字典结构 option 传入可视化

8.1.4　ECharts 与 Python 结合的可视化案例

至此，我们已经了解了如何使用 Jupyter 展示 ECharts 可视化，但是似乎还没有回答本章开始时提出的那些疑问。如果你熟悉 Python，相信你已经发现了 ECharts 与 Python 结合实现可视化的方法。没错，关键就在这个字典结构——new_option。

下面让我们来一探究竟！

以房价数据为例，我们使用 Python 读取房价相关数据，对数据处理后再通过 ECharts 实现可视化。同样是在 Jupyter Notebook 中操作，以下一个代码块对应 Jupyter Notebook 中一个代码块。

首先导入所有需要的 Python 包：

```
import json
from IPython.core.display import Javascript
import pandas as pd
```

pandas 包是 Python 数据分析中使用最多的包，其他两个包在之前解释过，这里不再赘述。

然后读取本地 excel 文件，代码如下：

```
df = pd.read_excel(r'E:\ECharts\房价.xlsx')     #读取excel数据表
df.head()                                      #查看数据前5行
```

读取后，将数据转为适合 pandas 数据分析与处理的特定的数据框格式，命名为 df，读取的数据显示结果如图 8-6 所示。

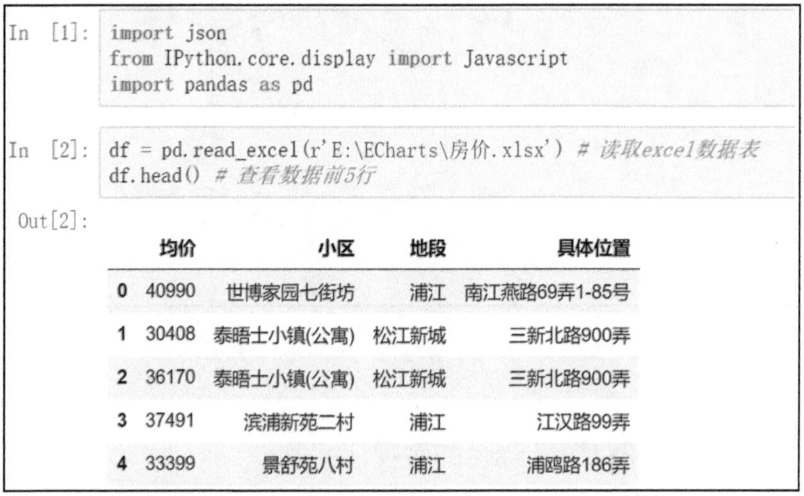

```
In [1]: import json
        from IPython.core.display import Javascript
        import pandas as pd

In [2]: df = pd.read_excel(r'E:\ECharts\房价.xlsx') # 读取excel数据表
        df.head() # 查看数据前5行

Out[2]:
```

	均价	小区	地段	具体位置
0	40990	世博家园七街坊	浦江	南江燕路69弄1-85号
1	30408	泰晤士小镇(公寓)	松江新城	三新北路900弄
2	36170	泰晤士小镇(公寓)	松江新城	三新北路900弄
3	37491	滨浦新苑二村	浦江	江汉路99弄
4	33399	景舒苑八村	浦江	浦鸥路186弄

图 8-6 pandas 读取房价数据展示

之后通过 pandas 的分组聚合操作，统计每个地段房屋均价，代码如下所示，统计结果如图 8-7 所示。

```
In [3]: mean_price = df.groupby('地段')['均价'].mean() # 通过分组统计每个地段的房屋均价，每天数据中均价为当前房屋均价。
        mean_price

Out[3]: 地段
        七宝        55424.000000
        万体馆       69532.000000
        世博        53742.000000
        世博滨江      57747.000000
        临港新城      21636.500000
        九亭        37669.000000
        北新泾       77320.000000
        华漕        49603.333333
        南桥        26640.500000
        古美罗阳      49151.000000
        周浦        30894.000000
        复兴公园      185000.000000
        天山        48420.000000
        奉城        15220.000000
        康建        54054.000000
        张江        64615.000000
        徐泾        44826.500000
        新客站       64706.000000
        春申        49270.500000
        朱家角       22207.000000
        杨东        79592.000000
        松江新城      33314.000000
        洋泾        96154.000000
        浦江        42522.588235
        罗店        33248.000000
        老闵行       37726.000000
        莘庄        51293.545455
        莘闵        38196.000000
        衡山路       125000.000000
        襄阳公园      96349.000000
        西郊公园      58621.000000
        赵巷        34156.428571
        重固        22861.000000
        金杨新村      84969.000000
        金桥        56948.000000
        陆家嘴       122906.333333
```

图 8-7 每个地段的房屋均价

```
mean_price = df.groupby('地段')['均价'].mean() #通过分组统计每个地段的房屋均价，
                                               每条数据中均价为当前房屋均价。
mean_price
```

取前10条信息示例，将房屋地段和均价分别制作成列表，以便之后传入option，代码如下：

```
series_mean_price = mean_price[:10]           #取前十条记录
area_list = series_mean_price.index.to_list() #地段列表
price_list = list(series_mean_price.values)   #房屋均价列表
```

接下来构造option字典。需要注意的是，这里的地段列表area_list和房屋均价列表price_list可以直接传入house_option字典。构造字典这一步建立起了Python和

ECharts 的联系，将 Python 处理后的数据传入了 ECharts 可视化的 option，代码如下：

```
house_option = {
    'xAxis': {
        'type': 'category',
        'data': area_list
    },
    'yAxis': {
        'type': 'value'
    },
    'series': [{
        'data': price_list,
        'type': 'bar',
        'label': {
                'show': 'true',
                'position': 'top'
            },
    }]
};

Javascript(f"window.house_option = JSON.parse('{json.dumps(house_option,
    ensure_ascii=False)}')")
```

与前文过程相同，将 house_option 字典转为对象后再传入 ECharts，代码如下：

```
%%javascript
element.append('<div id="house_option_chart" style="min-width: 400px;
    height: 400px"></div>');
(function(element) {
    requirejs(['echarts'], function(echarts) {
        var myChart =
            echarts.init(document.getElementById('house_option_chart'));
        myChart.setOption(house_option);
        return {};
    });
})(element);
```

可视化结果如图 8-8 所示。

至此，我们就完成了使用 Python 结合 ECharts 对房价数据的可视化展示。设想一下，如果使用 Python 处理大量二维数值型数据，是否可以通过 ECharts 制作成散点图呢？或者制作成其他类型的可视化图呢？感兴趣的读者可以结合相关内容自行尝试，制作更丰富的可视化。

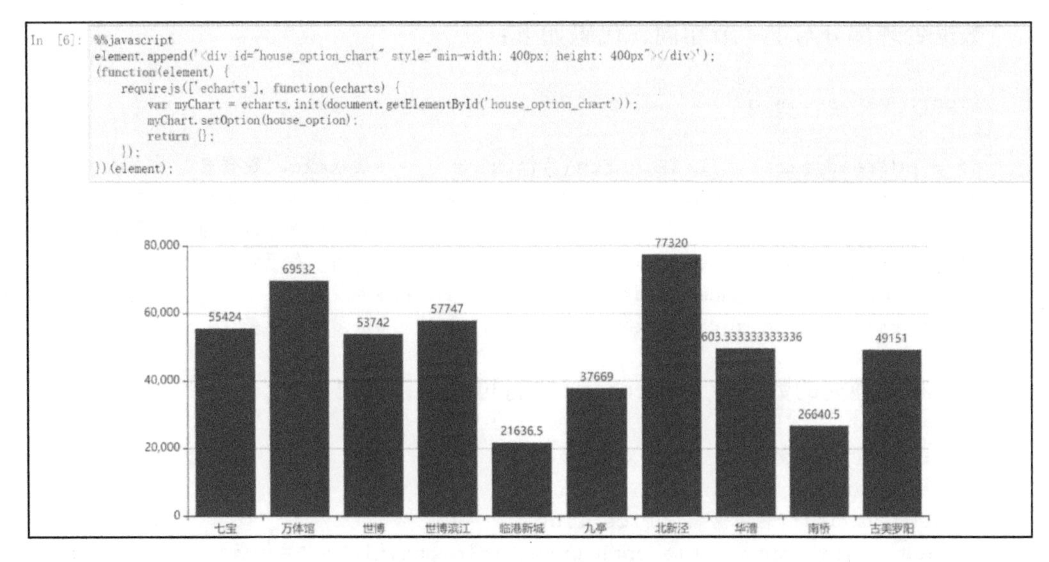

图 8-8　最终可视化效果

8.2　利用 Python 轻松调用 ECharts

在上一节中，我们使用 Jupyter Notebook 实现了 Python 与 ECharts 结合的大数据可视化，你可能会觉得这种方法比较复杂，因为每次都需要调整 option 的设置，那么，有没有更便捷的方法呢？

有的。pyecharts 是一款 Python 与 ECharts 结合的可视化工具，可以轻松实现大数据可视化，目前在 GitHub 上有 9.7k star，地址为 https://github.com/pyecharts/pyecharts。它提供 V 0.5.x 和 V 1 两个版本。注意，这两者并不兼容，考虑到其开发团队将不再维护 V 0.5.x 版本，建议大家使用 V 1 版本。不过，V 1 版本仅支持 Python 3.6 以上版本。

通过在命令行中输入以下内容完成安装：

```
pip install pyecharts
```

为了将 pyecharts 和上一节使用 Jupyter Notebook 实现大数据可视化的方法进行对比，这里使用相同的例子，来体现 pyecharts 的便捷性。

首先导入 pyecharts 绘制柱状图的模块，代码如下：

```
from pyecharts.charts import Bar
from pyecharts import options as opts
```

数据处理部分与上一节相同，代码如下：

```
import pandas as pd

df = pd.read_excel(r'E:\ECharts\房价.xlsx')     #读取excel数据表
mean_price = df.groupby('地段')['均价'].mean() #通过分组统计每个地段的房屋均价，
                                              #每天数据中均价为当前房屋均价
series_mean_price = mean_price[:10]           #取前十条记录
area_list = series_mean_price.index.to_list() #地段列表
price_list = list(series_mean_price.values)   #房屋均价列表
```

最后将处理完的数据传入 pyecharts 进行可视化，代码如下：

```
bar = Bar() #实例化一个柱状图对象
bar.add_xaxis(area_list)
bar.add_yaxis("y轴数据", price_list)
bar.set_global_opts(title_opts=opts.TitleOpts(title="主标题", subtitle="副标
    题"))
bar.render()
```

运行后会输出："C:\\Users\\Administrator\\render.html"。在本地电脑打开该文件即可看到对应的 ECharts 可视化图，如图 8-9 所示。

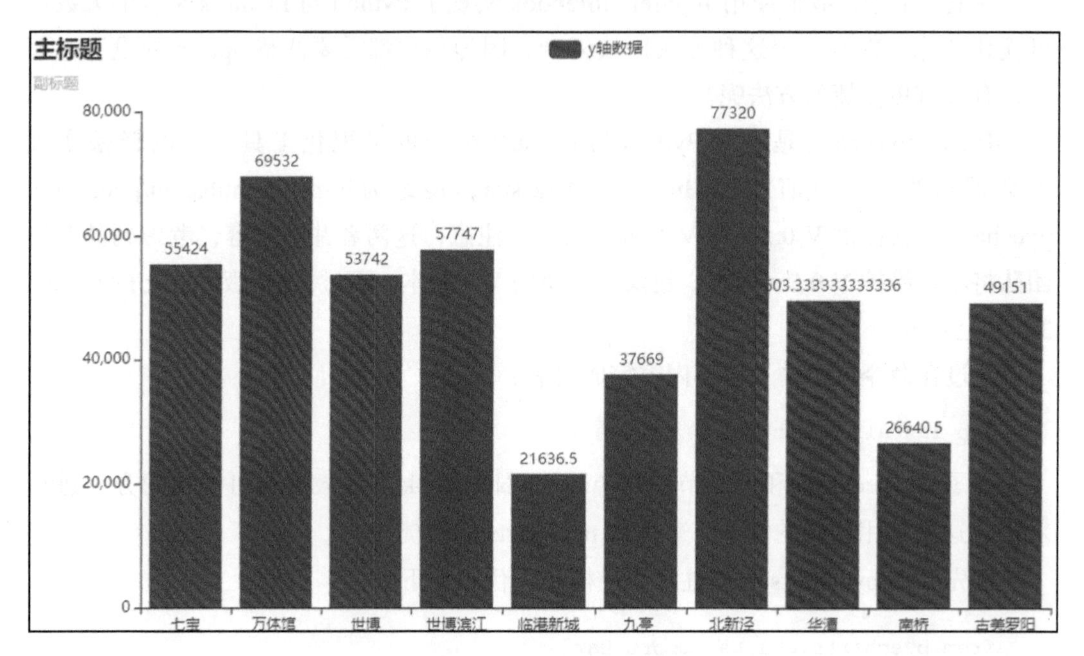

图 8-9 pyecharts 可视化效果

通过对比可以发现，pyecharts 使用起来更方便，使用较少代码即可实现 Python 与 ECharts 结合的大数据可视化。如果你经常使用 Python 编程语言，推荐使用 pyecharts。关于 pyecharts 的更多内容，可查看其官方文档（https://pyecharts.org/）。

8.3　本章小结

本章详细讲解了如何使用 ECharts 结合 Python 编程语言，完成数据导入、数据处理、数据可视化。通过 Python 这一“胶水”语言，可以将大数据可视化交由 ECharts 展示。同时介绍了一种 Python 与 ECharts 结合的可视化工具——pyecharts，它简化了可视化过程，使数据呈现方式更加快捷、灵活。

09 CHAPTER

第9章 一款可复制的通用可视化产品搭建全流程

在实际应用中，ECharts作为一种可视化方式，通常是展现在前端网页的。如果想要制作一款简单的可视化产品，除了要掌握ECharts的使用方法，还要掌握HTML、JavaScript、CSS、Python的Flask框架等基础内容。本书不会从零开始讲解这些基础内容，而是从产品需求、产品设计、前后端开发、可视化展示这四个方面讲解可视化产品搭建全流程，帮助读者培养开发简单产品demo的能力。至于上面提到的基础内容，需要读者自行学习并掌握。

9.1 弄清用户需求

在开发产品前，一般先要明确需求，也就是要弄清楚“这款产品是什么？有哪些功能？”等问题。

需求获取一般由产品经理来完成，全面获取用户的需求有助于更好地服务于产品设计。

获取需求的渠道主要分为内部渠道和外部渠道。内部渠道包括内部其他产品产生的用户使用数据、公司的战略规划、公司内其他部门同事的需求（包括销售、客服、市场等，他们是在一线接触大量客户和用户的人）以及产品经理自身的探索；外部渠道包括国家和行业政策风向、相关竞品以及即将使用该产品的用户等。

获取需求的方式也可以分为内部方式和外部方式，与之前需求获取的渠道相对应。

- 内部方式有很多：可以对公司已有的产品数据进行分析，探索用户的使用习惯和偏好；可以和领导深入沟通了解公司战略规划，毕竟大部分情况下，领导能够更好地把握大方向；可以和同事交流，例如从客服那里了解用户的各种使用产品问题、从销售那边了解用户对产品的兴趣点和期待；自己可以作为产品使用者对产品提出各种疑问。
- 外部方式也有很多：可以及时了解国家和行业政策风向，例如有哪些政策利好某些领域，有哪些产品设计部分需要谨慎对待；可以定期对相关竞品进行探索、比较，例如某产品这个月新加入了某功能，引起了相关领域的关注和讨论；用户调查问卷和用户采访也是很重要的需求获取方式。

收集到相关需求之后，就进入需求分析阶段。

需求分为很多种，也会有真假之分。例如有些需求是伪需求，没必要实现，因为这些需求不能对用户的使用产生什么影响；真实的需求可以按照重要程度分为重要需求和非重要需求，也可以按是否急切分为紧急和非紧急，这决定了该产品应该先满足哪些需求后满足哪些需求。可能有些核心且紧急的需求在最初版本中就得实现相关功能，而非紧急、非重要需求对应的产品功能可能在之后的版本考虑添加即可。

例如我们需要一款可以通过搜索股票代码获得股票各种信息的产品，那么该产品的核心功能就是实现在用户输入需要查询的股票代码后，给出相应的数据可视化统计图表。

理论上，在产品开发前，除了要收集相关需求并分析，还需要更细致、更有针对性的市场调研、竞品分析等，在这里忽略这些步骤的细节内容，因为这些在工作中通常不是开发者负责的内容，是产品经理和市场经理负责的。产品经理需要通过市场调研和竞品分析后比较已有的同类型产品，整理出产品需要具备的功能点，即可制定市场需求文档（Market Requirement Document，MRD）。

9.2 着手产品设计

制定 MRD 之后通常是原型设计和视觉设计，也就是产品的交互设计和界面样式设计，即思考产品与用户如何交互？产品的界面如何设计？

产品在与用户交互时，要保证产品的可用性、易用性和兼容性等，进而保证能够提供较好的用户体验。

- 可用性考虑的是用户能否通过产品满足自己的相关需求。
- 易用性指的是用户能够快速上手，熟练使用该产品。以导航栏为例，直观的导航栏更容易上手，它能够让用户迅速确定某步操作后的大致结果或者操作后的下一个步骤，如产品上的头像图标，点击后会大概率跳转到用户的个人信息页面。
- 在实际场景中，用户体验除了会受到产品可用性和易用性的影响，也会受到产品使用流畅程度和兼容性的影响。如果在操作时，产品反应迅速，使用流畅，用户就会获得较好的体验。同时，产品应当尽量支持不同系统、不同型号的设备，提高兼容性。例如用户经常在电脑上使用某产品，并成为该产品的活跃用户，那我们当然希望在用户不方便使用电脑的时候，也能通过其他移动设备使用该产品，如手机、平板等，这就会对产品的兼容性提出更高的要求。

产品的界面设计通常需要考虑功能模块划分、色彩搭配等。

在划分产品模块功能时，要着重关注设计布局，且要符合用户的一般使用习惯。例如在设计 App 产品时，通常会在屏幕的下端设置多个菜单栏，而在上部设置搜索框和页面方向键。试想一下，如果把这两部分上下对调，用户一般会感觉奇怪，因为大部分 App 的设计是与之相反的。

在具体的功能模块层级设计上，可以将大模块拆解，将小模块整合，例如“用户信息”模块下包括“账号信息”“用户名称”等细化模块，这部分功能模块层级设计可以参考已有的产品，使用思维导图的方式对其进行拆解和汇总，使其符合用户对产品的一般使用习惯。

仍以股票信息可视化为例，前文提到该设计需求是在页面待查询股票代码输入框输入相关股票代码后，点击查询按钮后展示该股票的相关可视化信息。在确定产品布局后，就是撰写产品需求文档（Product Requirement Document，PRD），这部分工作主要由产品经理负责，用于细化产品功能。假设本产品需要展示的可视化包括“近 30 交易日涨跌次数”（环形图）“近 30 交易日净值变化”（折线图）“近 30 交易日成交量”（柱状图）“近 30 交易日收盘价”（折线图）的信息，并且要求在折线图中标识出最高和最低点，产品界面如图 9-1 所示。

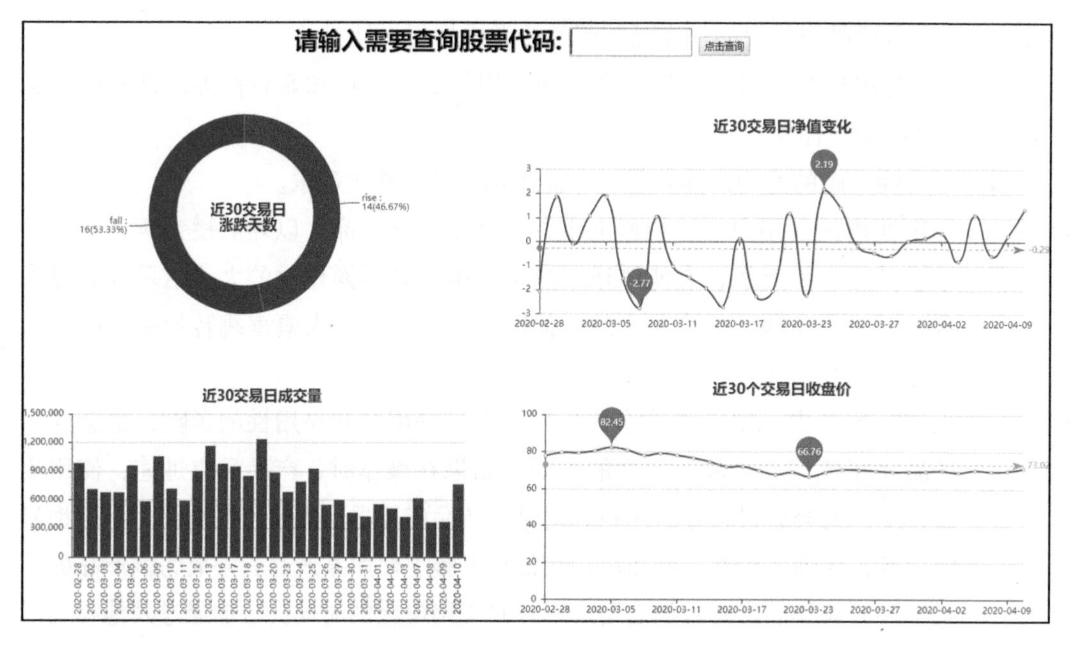

图 9-1　股票信息查询页面

9.3　产品前后端开发

接下来进入研发阶段，这也是本章的重点。研发阶段通常会有架构师、前端工程师、后端工程师、测试工程师、运维工程师、项目管理者等多人参与。本节主要讲解由前端工程师和后端工程师负责的产品前后端开发工作。

首先从 VS Code 中看看整个产品的项目代码结构，如图 9-2 所示。

图 9-2　产品项目代码结构

如图 9-2 所示，static 文件夹中存放要调用的 echarts.js，templates 中存放前端展示的网页模板 query.html，getdata.py 为获取并处理股票数据的 Python 代码，query.py 为调用 Flask 框架的主要 Python 代码。

使用 Python 的 tushare 包获取股票数据。tushare 是一个免费的、开源的 Python 财经数据接口包。安装完 Python 的集成环境 Anaconda 后，在 cmd 命令行输入如下命令即可安装 tushare 包：

```
pip install tushare
```

安装后在 getdata.py 代码文件中写入如下代码，以获取并处理股票数据。

```
import tushare as ts

def get_data(code):
    dict_return = {}                                    #存放需要的数据
    data = ts.get_hist_data(code)                       #通过股票代码获取股票最近
                                                        #的数据
    data_30 = data[:30].iloc[::-1]                      #按照日期正序排列数据
    data_30['rise'] = data_30['price_change'] > 0       # 涨
    data_30['fall'] = data_30['price_change'] < 0       # 跌
    close = data_30['close']                            #最近30个交易日的收盘价
    close_index = list(close.index)                     #收盘价x轴数据
    close_value = close.values.tolist()                 #收盘价y轴数据
    df_diff = data_30[['rise','fall']].sum()            #统计近30交易日的涨跌次数
    df_diff_index = list(df_diff.index)                 #将数据转为列表格式
    df_diff_value = df_diff.values.tolist()             #将数据转为列表格式
    dict_return['diff'] = [{"name":item[0],"value":item[1]} for item in
        list(zip (df_diff_index,df_diff_value))]        #将数据制作成饼图需要的数
                                                        #据格式
    price_change = data_30['price_change'].values.tolist()
                                                        #统计近30交易日的价格变化
    volume = data_30['volume'].values.tolist()          #统计近30交易日的成交量
                                                        #以下为将处理好的数据加入
                                                         字典
    dict_return['close_index'] = close_index
    dict_return['close_value'] = close_value
    dict_return['price_change'] = price_change
    dict_return['volume'] = volume
    dict_return['df_diff_index'] = df_diff_index
    return dict_return
```

之后来看 query.py 代码，如下所示：

```
from flask import Flask, request, render_template
from getdata import get_data

app = Flask(__name__)
@app.route('/query/', methods=['GET', 'POST'])
def query():
    if request.method == 'POST':
        code = request.form.get('name')
        dict_return = get_data(code)
        return render_template('query.html', dict_return = dict_return)
    else:
        dict_return = get_data('601318')
        return render_template('query.html', dict_return = dict_return)

if __name__ == '__main__':
    app.run(debug = True)
```

注意 以上代码主要是 Flask 的内容。Flask 是一款使用 Python 编写的轻量级 Web 应用框架，是一款后端框架。通过 Flask 可以开启 Web 服务。

代码中首先导入相关 Python 包，然后创建了 app 这个 Flask 对象，之后的 @app.route 为 Flask 的路由。路由 route 的作用是当通过 GET 或者 POST 请求方式访问 http://127.0.0.1:5000/query/ 这个 URL 时调用 query() 函数。在上述代码中，当调用 query() 函数时，默认查询股票代码为“601318”（中国平安）的股票信息。通过 getdata.py 文件中的 get_data() 函数将查询处理后的数据返回给 dict_return 变量，然后将该变量传入 query.html 中实现前端页面渲染后的显示。如果用户在图 9-1 所示的前端页面输入正确的股票代码，即使用了 POST 请求，则可返回该股票代码所对应股票的信息可视化。

之后来看 templates 中存放前端展示的 query.html 网页模板，这部分代码主要是 ECharts 内容，代码如下：

```
<!DOCTYPE html>
<head>
<meta charset="utf-8">
<title>股票实时查询产品DEMO</title>
<script src="{{ url_for('static',filename='echarts.js') }}">
</script>
</head>
```

```
<body>
    <!--为ECharts准备一个具备大小(宽高)的DOM -->
    <center>
    <form id="form" name="form" method='POST'
        action='/query/' style="text-align:left">
        <h1>请输入需要查询股票代码:
        <input type="text" name="name"
         style="height:30px;width:160px;font-size:30px;">
        <input type="submit" value="点击查询" ><h1>
    </form>
    <div id="main" style="width:1500px;height:750px;align:center">
    </div>
    <!-- ECharts单文件引入-->
    <script type="text/javascript">
    //基于准备好的DOM,初始化ECharts图表
        var myChart = echarts.init(document.getElementById('main'));
        var option = {
            title: [
                {text: '近30交易日\n涨跌天数',
                 x: '25%',y: '25%',
                 textAlign: 'center',
                 textBaseline: 'middle',
                 textStyle: {fontSize: 20}},
                {text: '近30交易日净值变化',
                 x: '73%',y: '9%',
                 textAlign: 'center',
                 textBaseline: 'middle',
                 textStyle: {fontSize: 20}},
                {text: '近30交易日成交量',
                 x: '20.8%',y: '55%',
                 textStyle: {fontSize: 20}},
                {text: '近30个交易日收盘价',
                 x: '73%',y: '55%',
                 textAlign: 'center',
                 textBaseline: 'middle',
                 textStyle: {fontSize: 20}}],
            tooltip: {
                 trigger: 'axis',
                 axisPointer: {type: 'shadow'}},
            backgroundColor:'rgba(255,255,255,1)',
            grid: [
              {left: '5%',
                 right: '55%',
                 top: '60%',
                 bottom: '5%',
```

```
          containLabel: true},
          {gridindex: 1,
          left: '50%',
          right: '5%',
          top: '60%',
          bottom: '5%',
          containLabel: true},
          {gridindex: 2,
             left: '50%',
             right: '5%',
             top: '17%',
             bottom: '55%',
             containLabel: true}],
         xAxis: [{type: 'category',
             data: {{dict_return['close_index']|tojson}},
             axisLabel: {interval: 0,
                                  rotate:90}},
           {gridIndex: 1,
             type: 'category',
             boundaryGap: false,
             data: {{dict_return['close_index']|tojson}}},
           {gridIndex: 2,
             type: 'category',
             boundaryGap: false,
             data: {{dict_return['close_index']|tojson}}}],
         yAxis: [{type: 'value',
             axisLabel: {formatter: '{value} '},
             boundaryGap: [0, 0.02]},
             {gridIndex: 1,
             type: 'value',
             axisLabel: {formatter: '{value} '}},
             {gridIndex: 2,
             type: 'value',
             axisLabel: {formatter: '{value} '}}],
     series: [
         {type: 'bar',
             label: {
                 normal: {
                     show: true,
                     position: 'top',
                     rotate:90,
                     show: false}},
             data: {{dict_return['volume']|tojson}}},
         {type: 'pie',
             center: ['25%', '25%'],
             radius: ['25%', '35%'],
             label: {
                 normal: {
```

```
                    formatter: '{b} :\n{c}({d}%)'}},
                data: {{dict_return['diff']|tojson}}},
                {xAxisIndex: 1,
                yAxisIndex: 1,
                type: 'line',
                lineStyle: {
                    normal: {color: ''}},
                    data: {{dict_return['close_value']|tojson}},
                    smooth: true,
                    markPoint: {
                data: [
                    {type: 'max',
                    name: '最大值',
                    symbolSize: 60},
                    {type: 'min',
                    name: '最小值',
                    symbolSize: 60}],
                    itemStyle: {
                        normal: {color: '#F36100'}}},
                    markLine: {
                        data: [{
                            type: 'average',
                            name: '平均值'}]}},
            {xAxisIndex: 2,
            yAxisIndex: 2,
            type: 'line',
                    lineStyle: {
                        normal: {color: ''}},
                    data: {{dict_return['price_change']|tojson}},
                    smooth: true,
                    markPoint: {
                        data: [
                            {type: 'max',
                                name: '最大值',
                                symbolSize: 60},
                            {type: 'min',
                                name: '最小值',
                                symbolSize: 60}],
                    itemStyle: {
                                normal: {color: '#F36100'}}},
                    markLine: {
                        data: [{
                                type: 'average',
                                name: '平均值'}]}}]};
        //为ECharts对象加载数据
        myChart.setOption(option);
</script>
```

```
</center>
</body>
</html>
```

上述代码与以往 ECharts 代码的最大区别是从外界获取了数据。例如，代码中的 {{dict_return['volume']|tojson}} 表示从传入的 dict_return 字典中获取 volume（成交量）的列表数据，Flask 中两对大括号 {{ }} 表示该位置填写传入的参数，“ |tojson” 主要是为了防止引号解析错误问题。

代码开始部分是从 static 文件夹引入 charts.js，其对应的代码片段为 <script src="{{ url_for('static', filename='echarts.js') }}"></script>。

下面来看 form 表单这段代码。这里的表单是以 POST 方式提交，提交的 URL 在 action 中写入，所以可以在每次查询后返回相同页面，只是页面中的可视化会随着 POST 的股票代码不同而有所差异。

```
<form id="form" name="form" method='POST'
    action='/query/' style="text-align:left">
    <h1>请输入需要查询股票代码：
        <input type="text" name="name"
         style="height:30px;width:160px;font-size:30px;">
        <input type="submit" value="点击查询" ><h1>
        </form>
```

其他 ECharts 的代码与第 7 章实现大屏 Dashboard 的代码类似，这里不再赘述。

9.4 可视化产品展示

带有可视化功能的产品，通常会通过可视化完成部分数据的展示，例如一些常见的优秀 BI 产品，如 Tableau、Power BI。通过可视化能够更直观地探索数据中包含的深层信息，帮助我们更快地发现问题、解决问题，以满足当前的实际业务需求。例如我们通过可视化观察某大区的销售情况分布，当发现东区的销量明显偏低时，可以对东区可视化图表进行下钻分析，如下钻后发现东区的 A 门店销量明显偏低，则可以进一步向相关销售经理了解详细情况，进而指导业务开展。

仍以上文提到的股票信息可视化为例，该产品的使用方式较为简单，首先在有 query.py 文件的目录中，按住键盘上的 Shift 键后右击，选择“在此处打开

Powershell 窗口”，在弹出的蓝色命令窗口中输入：

```
python query.py
```

运行结果如图 9-3 所示。

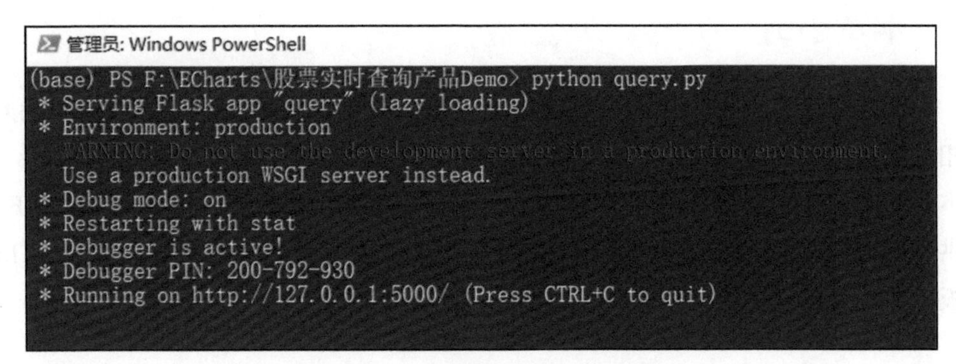

图 9-3　从命令行运行 Flask 服务

打开网页浏览器，输入 http://127.0.0.1:5000/query/，默认展示的是“中国平安”的股票信息，然后在输入框输入一个股票代码，例如“600116”(三峡水利)，点击“点击查询”按钮，可以得到该股票近 30 个交易日的股票信息可视化，如图 9-4 所示。

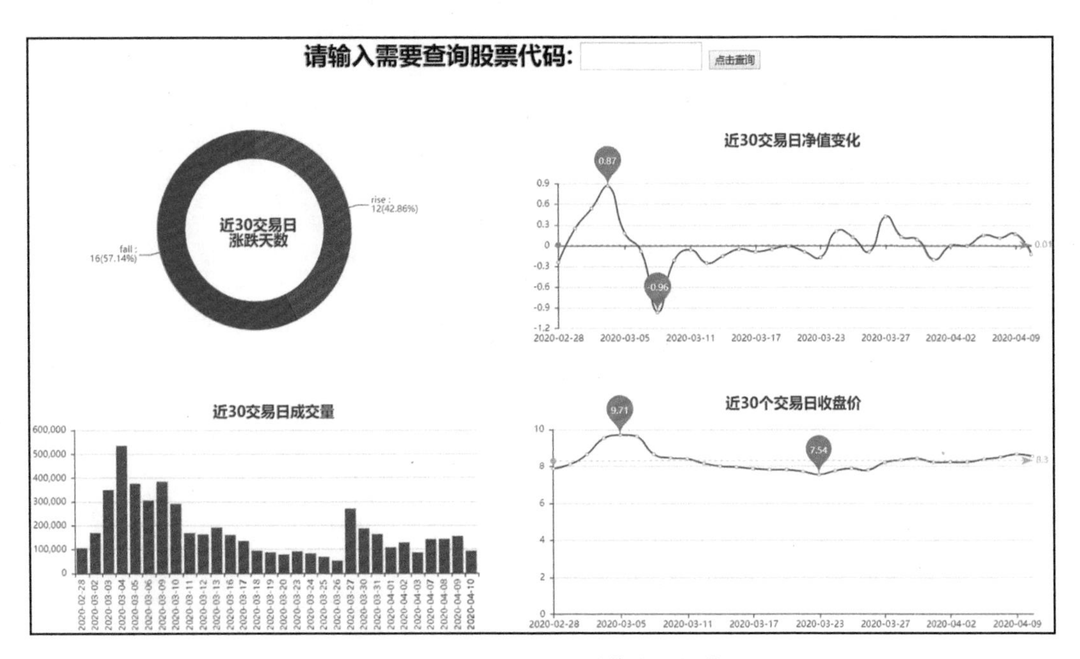

图 9-4　“600116”股票信息可视化

以上就是搭建一套简单的可视化产品的全部流程。感兴趣的读者，可以选取其他数据信息自行实践。

9.5 本章小结

本章详细讲解了可视化产品搭建的全流程。其中，重点讲解了产品前后端开发的相关内容，该部分涉及 Python 的 Flask 框架的运用，以及在前端使用 ECharts。通过本章的学习，相信读者已经掌握了这套通用的搭建可视化产品的流程，即由 Flask 提供 Web 服务，通过其路由功能调用数据处理函数后传入事先设定好的前端 ECharts 模板，实现可视化功能。

10 CHAPTER

第10章 文本挖掘可视化实践

上一章详细讲解了可视化产品的搭建全流程，在本章，我们将通过文本挖掘案例体验 ECharts 可视化在文本关系展示上的应用。

10.1 文本挖掘技术与分析目标

文本挖掘（Text Mining）是指从文本数据中抽取有价值的信息和知识的计算机处理技术，属于数据挖掘的一个分支。文本挖掘主要包括文本分类、文本聚类、信息抽取、文本摘要生成、文本压缩等。利用文本挖掘可以处理大量文本数据，给科研和企业带来巨大的商业价值。文本挖掘在当下社会需求强烈，应用前景广阔。

本章以文本挖掘技术为手段，以北京市科学技术委员会网站上发布的北京市科技法规规章文件为挖掘对象，目标是挖掘文件中关注的重点领域和相关内容。

北京市科技法规规章文件网站页面为 http://kw.beijing.gov.cn/col/col2384/index.html，其页面内容如图 10-1 所示。

首先收集到该网站页面上 2010 年到 2020 年最新（2020 年 7 月）的北京市科技法规规章文件，将其以文本文件（txt）格式集中存储在本地，如图 10-2 所示。

在文本挖掘中，抽取文本的关键词是一种获取文本主题内容的手段。通过关键词可以快速确定文本内容情况，例如，当在文本中抽取出关键词“足球”“采访”“报道”时，可以确定文本内容可能与体育赛事相关；当在文本中抽取出关键词“熊猫”“饲养员”“投喂”时，可以确定文本内容可能与动物园相关。

图 10-1 北京市科技法规规章文件网站页面

名称	修改日期	类型	大小
《北京技术创新行动计划（2014-2017年）》.txt	2020/8/13 星期四 15:32	文本文档	41 KB
《北京市"十二五"时期科技北京发展规划主要目标和任务分解实施方案》.txt	2020/8/13 星期四 15:38	文本文档	16 KB
《北京市2013-2017年加快压减燃煤和清洁能源建设工作方案》.txt	2020/8/13 星期四 15:36	文本文档	26 KB
《北京市2013-2017年清洁空气行动计划重点任务分解2015年工作措施》.txt	2020/8/13 星期四 15:20	文本文档	3 KB
《北京市促进科技成果转移转化行动方案》.txt	2020/8/13 星期四 14:49	文本文档	26 KB
《北京市打击侵犯知识产权和制售假冒伪劣商品专项行动实施方案》.txt	2020/8/13 星期四 16:06	文本文档	14 KB
《北京市大气污染防治重点科研工作方案(2014-2017年)》.txt	2020/8/13 星期四 15:31	文本文档	14 KB
《北京市电动汽车推广应用行动计划（2014-2017年）》.txt	2020/8/13 星期四 15:29	文本文档	15 KB
《北京市进一步完善财政科研项目和经费管理的若干政策措施》.txt	2020/8/13 星期四 14:50	文本文档	19 KB
《北京市全民科学素质行动计划纲要实施方案（2011-2015年）》.txt	2020/8/13 星期四 15:51	文本文档	44 KB
《北京市人民政府专家咨询委员会工作规则》.txt	2020/8/13 星期四 16:01	文本文档	6 KB
《北京市深化市级财政科技计划(专项、基金等)管理改革实施方案》.txt	2020/8/13 星期四 14:49	文本文档	11 KB
《北京市推进文化创意和设计服务与相关产业融合发展行动计划(2015—2020年)》.txt	2020/8/13 星期四 15:19	文本文档	22 KB
《关于进一步加强金融支持小微企业发展的若干措施》.txt	2020/8/13 星期四 15:28	文本文档	8 KB
《关于落实促进物流业健康发展政策措施实施意见》.txt	2020/8/13 星期四 15:49	文本文档	11 KB
《加快推进科研机构科技成果转化和产业化的若干意见(试行)》.txt	2020/8/13 星期四 15:30	文本文档	7 KB
《市知识产权局等单位关于深入实施首都知识产权战略行动计划(2015-2020年)》.txt	2020/8/13 星期四 15:17	文本文档	23 KB
北京市促进科技成果转化条例.txt	2020/8/13 星期四 13:50	文本文档	22 KB
北京市技术市场条例 (2).txt	2020/8/13 星期四 14:47	文本文档	14 KB
北京市技术市场条例.txt	2020/8/13 星期四 13:49	文本文档	12 KB
北京市加快培育和发展战略性新兴产业实施意见.txt	2020/8/13 星期四 15:58	文本文档	46 KB
北京市科学技术奖励办法.txt	2020/8/13 星期四 14:01	文本文档	10 KB
北京市科学技术普及条例.txt	2020/8/13 星期四 15:17	文本文档	10 KB
北京市人民政府办公厅关于印发《北京市2013—2017年清洁空气行动计划重点任务分解201...	2020/8/13 星期四 14:31	文本文档	4 KB
北京市人民政府办公厅关于印发《北京市加快医药健康协同创新行动计划(2018-2020年)》的...	2020/8/13 星期四 14:03	文本文档	17 KB
北京市人民政府办公厅关于印发《北京市区块链创新发展行动计划(2020—2022年)》的通知....	2020/8/13 星期四 13:40	文本文档	14 KB

图 10-2 北京市科技法规规章文件存储在本地

那么如何抽取出文本中的关键词呢？最直观和简单的抽取方法是先对文本进行分词操作，然后统计出现次数较多的词语作为该文本的关键词。

分词是对文本进行分析挖掘的基础步骤。顾名思义，分词就是将文本分解为多个词，例如，对“我上周末去了动物园，看到了很多动物。”这句话进行分词后，结果可能是“我 / 上周末 / 去 / 了 / 动物园 /，/ 看到 / 了 / 很多 / 动物 /。”。

在汉语中的分词是将文本中的句子分拆成了词语、字和标点符号，当分词完成后，一种简单的抽取关键词的方法是通过统计文章中每个分词后的词语出现的频次，将出现较多的词语作为该文章的关键词。不过这种方式也有缺点，例如“的”“把”“要求”“效果”这类词通常会在很多文章中大量出现，但它们并不能表示文章的主题内容，所以需要在抽取关键词时过滤掉。这类词一般被称为停用词和无意义的词。

10.2　文本挖掘具体流程

通过 Python 编程语言实现文本的分词和关键词提取，在 jupyter notebook 中实现该操作，首先导入该案例中需要使用到的 Python 库：

```
import os
import jieba
import math
import pandas as pd
```

其中，os 库为操作系统相关库，jieba 为文本分词常用库，math 为数学计算相关库，pandas 为数据处理和数据分析相关库。

jieba 分词常常将词语切分成较细粒度，例如会将“高精尖技术”切分为“高精尖”和“技术”，将“一带一路”切分为“一带”和“一路”。但“高精尖技术”“一带一路”显然更能体现文本所聚焦的内容，更适合组合起来作为关键词。将 jieba 分词切分后的相邻的词语连接在一起作为可能的关键词放入候选关键词列表，这样就实现了获取粗粒度关键词的目的。

以下为具体代码：

```
cut_list_dict = {}
dot = ['、', '。', '.', ',', '，', '；', '!', '！', '《', '》',
       '(', ')','（', '）', '\u3000', '\n', '【', '】', ' ', '：']
```

```
path = "E:\\ECharts\\北京市科技法规规章文件\\"
filelist = [path + i for i in os.listdir(path)]

#二元新词发现
for file in filelist:
    if file.split('.')[1] == "txt":
        with open(file,encoding='utf-8') as f:
            content = f.read()
            cut_list = list(jieba.cut(content))
            for i in range(len(cut_list)):
                if i != len(cut_list) - 1 and cut_list[i] not in dot \
                    and cut_list[i+1] not in dot:
                    if cut_list[i]+cut_list[i+1] not in cut_list_dict:
                        cut_list_dict[cut_list[i]+cut_list[i+1]] = 1
                    else:
                        cut_list_dict[cut_list[i]+cut_list[i+1]] += 1
list_all = sorted(cut_list_dict.items(),key=lambda x:x[1],reverse=True)
```

在上述代码中，首先初始化了一个字典 cut_list_dict 用于存放候选的关键词，然后构造了一个列表 dot 用于去除分词之后的一些无用符号。path 为文本存放的路径，filelist 为生成该目录下每个 txt 文件的路径，将 filelist 打印出的效果如图 10-3 所示。

```
filelist

['E:\\Echarts\\北京市科技法规规章文件\\《关于落实促进物流业健康发展政策措施实施意见》.txt',
 'E:\\Echarts\\北京市科技法规规章文件\\《关于进一步加强金融支持小微企业发展的若干措施》.txt',
 'E:\\Echarts\\北京市科技法规规章文件\\《加快推进科研机构科技成果转化和产业化的若干意见(试行)》.txt',
 'E:\\Echarts\\北京市科技法规规章文件\\《北京市2013-2017年加快压减燃煤和清洁能源建设工作方案》.txt',
 'E:\\Echarts\\北京市科技法规规章文件\\《北京市2013-2017年清洁空气行动计划重点任务分解2015年工作措施》.txt',
 'E:\\Echarts\\北京市科技法规规章文件\\《北京市“十二五”时期科技北京发展规划主要目标和任务分解实施方案》.txt',
 'E:\\Echarts\\北京市科技法规规章文件\\《北京市人民政府专家咨询委员会工作规则》.txt',
 'E:\\Echarts\\北京市科技法规规章文件\\《北京市促进科技成果转移转化行动方案》.txt',
 'E:\\Echarts\\北京市科技法规规章文件\\《北京市全民科学素质行动计划纲要实施方案（2011-2015年）》.txt',
 'E:\\Echarts\\北京市科技法规规章文件\\《北京市大气污染防治重点科研工作方案 (2014-2017年)》.txt',
 'E:\\Echarts\\北京市科技法规规章文件\\《北京市打击侵犯知识产权和制售假冒伪劣商品专项行动实施方案》.txt',
 'E:\\Echarts\\北京市科技法规规章文件\\《北京市推进文化创意和设计服务与相关产业融合发展行动计划(2015—2020年)》.txt',
 'E:\\Echarts\\北京市科技法规规章文件\\《北京市深化市级财政科技计划(专项、基金等)管理改革实施方案》.txt',
 'E:\\Echarts\\北京市科技法规规章文件\\《北京市电动汽车推广应用行动计划（2014-2017年）》.txt',
 'E:\\Echarts\\北京市科技法规规章文件\\《北京市进一步完善财政科研项目和经费管理的若干政策措施》.txt',
 'E:\\Echarts\\北京市科技法规规章文件\\《北京技术创新行动计划（2014-2017年）》.txt',
 'E:\\Echarts\\北京市科技法规规章文件\\《市知识产权局等单位关于深入实施首都知识产权战略行动计划(2015-2020年)》.txt',
 'E:\\Echarts\\北京市科技法规规章文件\\中共北京市委 北京市人民政府印发《关于率先行动改革优化营商环境实施方案》的通知.txt',
```

图 10-3 filelist 为 txt 文本的路径

之后依次循环读取每个 txt 文本，打开读取内容之后通过 jieba 进行分词，将 jieba 分词切分后的相邻的词语拼接在一起作为可能的关键词放入候选关键词字典 cut_list_dict，统计该关键词出现的次数，并将 cut_list_dict 转为 list_all 列表用以存储组合候选关键词与其相应出现的次数。

将 list_all 列表转换为适合数据处理的数据框格式，并查看出现次数排名前五的词语，相应代码如下：

```
df = pd.DataFrame(list_all)
df.head()
```

效果如图 10-4 所示。

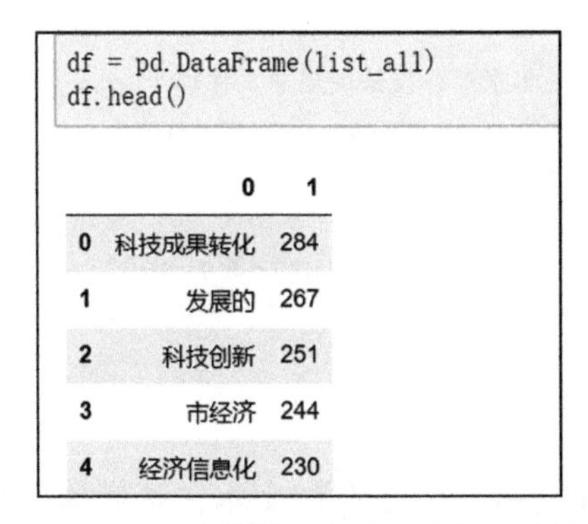

```
df = pd.DataFrame(list_all)
df.head()
```

	0	1
0	科技成果转化	284
1	发展的	267
2	科技创新	251
3	市经济	244
4	经济信息化	230

图 10-4　出现次数前五名的组合候选关键词

将这些词语存在本地，代码如下：

```
df.to_excel("E:\\ECharts\\北京市科技法规规章文件\\二元新词.xlsx")
```

通过对保存在本地的“二元新词 .xlsx”候选关键词进行手工筛选，筛选出合适的关键词并存放在 user_dict.txt 中。user_dict.txt 的内容如图 10-5 所示。

```
1  基础研究
2  企业研发
3  技术研发
4  工业设计
5  技术交易
6  技术转移
7  专业技术服务
8  检验检测
9  专业技术
10 专业服务
11 企业孵化
12 科技成果转化
13 科技成果转移
14 职务科技成果
15 技术中介
16 专利中介
17 中介服务体系
18 知识产权保护
19 自主知识产权
20 知识产权战略
```

图 10-5　筛选后的关键词

在进行关键词提取时，如果一些关键词经常同时出现在某些文本中，那么它们很可能是相关联的。例如，“科技企业”和“企业孵化”经常同时出现在科技公司相关文本中，“技术研发”和“新产品”经常同时出现在研发产品相关文本中。

将所有文本内容汇总，代码如下：

```
txt_list = []

#将文本文件汇总
path = "E:\\ECharts\\北京市科技法规规章文件\\"
filelist = [path + i for i in os.listdir(path)]
for file in filelist:
    if file.split('.')[1] == "txt":
        with open(file,encoding='utf-8') as f:
            content = f.read()
        txt_list.append(content)
print(len(txt_list))
```

首先，初始化 txt_list 列表是为了存储文本，然后通过循环依次将打开读取后的文本内容加入 txt_list 列表中存储，最后打印列表长度显示为 74，即一共有 74 个文本。

之后打开筛选后的新词文件，将新词存入 words_list 列表，代码如下：

```
#打开筛选后的新词文件
with open('E:\\ECharts\\user_dict.txt',encoding='utf8') as f:
    words = f.read()
words_list = words.split('\n')
words_list
```

打印 words_list 中关键词的数量（显示有 155 个关键词），代码如下：

```
print(len(words_list))
```

将所有不同的关键词两两组合在一起，目的是为之后探索词与词之间的关系做准备，代码如下：

```
list_pair = [item1 + '-' + item2 for item1 in words_list
             for item2 in words_list if item1 > item2]
list_pair = len(set(list_pair))
```

统计筛选出的关键词在所有文本中出现的总次数，作为该关键词的重要性，并通过字典 word_count_dict 存放该关键词和它出现的次数，代码如下：

```
#统计单个词出现的频次
word_count_dict = {}
for item in words_list:
    for content in txt_list:
        if item in content:
            if item not in word_count_dict:
                word_count_dict[item] = 1
            else:
                word_count_dict[item] += 1

word_count_dict
```

word_count_dict 的统计结果如图 10-6 所示。

```
{'基础研究': 16,
 '企业研发': 6,
 '技术研发': 26,
 '工业设计': 8,
 '技术交易': 19,
 '技术转移': 18,
 '专业技术服务': 2,
 '检验检测': 11,
 '专业技术': 25,
 '专业服务': 18,
 '企业孵化': 12,
 '科技成果转化': 27,
 '科技成果转移': 5,
 '职务科技成果': 7,
 '技术中介': 2,
 '专利中介': 1,
 '中介服务体系': 1,
 '知识产权保护': 22,
 '自主知识产权': 14,
```

图 10-6　word_count_dict 统计出的关键词及其出现次数

统计两两配对的关键词是否同时出现在某个文本中，如果同时出现在某个文本中，则共现次数加 1，如果共同出现在 n 个文本中，则共现次数记为 n，代码如下：

```
pair_count_dict = {}
for item in list_pair:
    if len(item.split('-')) == 2:
        a, b = item.split('-')
        for content in txt_list:
            if (a in content) and (b in content):
                if a+'-'+b not in pair_count_dict:
```

```
                    pair_count_dict[a+'-'+b] = 1
                else:
                    pair_count_dict[a+'-'+b] += 1
pair_count_dict
```

统计出的关键词对共同出现在不同文章的次数如图 10-7 所示。

```
{'自主创新能力-众创空间': 2,
 '高新技术产业-科技成果转移': 1,
 '贷款贴息-人才引进': 4,
 '高新技术产业-重点产业': 3,
 '商务委-创新中心': 2,
 '生产性服务业-产业技术创新': 3,
 '高新技术产业-科技合作': 2,
 '科技创新-专家咨询': 1,
 '高精尖产业-创业服务': 3,
 '毕业生就业-技术市场': 1,
 '创业就业-信用信息': 1,
 '科学仪器设备-投资基金': 1,
 '工业设计-万众创新': 2,
 '科技型中小企业-科技企业': 7,
 '医药健康-公共服务平台': 3,
 '科技型中小企业-产业集聚': 3,
 '新材料-产业集聚': 7,
 '投资基金-大众创业': 2,
```

图 10-7　关键词对共同出现在不同文章的次数

计算关键词之间的相关系数，方法如下：分子为关键词对共同出现的文章数量，分母为关键词各自出现的文章数量开 1/2 次方后的乘积。

```
#词语间的相关系数计算
relation_number_dict = {}
for item in pair_count_dict:
    a,b = item.split('-')
    a_count = word_count_dict.get(a)
    b_count = word_count_dict.get(b)
    relation_number = pair_count_dict.get(item) \
                     /((math.sqrt(a_count)) \
                     *(math.sqrt(b_count)))
    relation_number_dict[item] = relation_number

relation_number_dict
```

筛选出相关系数最高的 30 对关键词对，代码如下：

```
list_top30 = sorted(relation_number_dict.items()
                    ,key=lambda x:x[1]
                    ,reverse=True)[:30]
list_top30
```

相关系数最高的 30 对关键词对如图 10-8 所示，其中"中介服务体系"和"专利中介"、"政府网站"和"政府信息"、"大众创业"和"万众创新"的相关系数为 1 或极度接近 1，代表这三组关键词几乎是同时出现在某些文章中的，体现出这三组中的关键词两两相关程度很高，从词的名称和表示内容也可以看出这点。

```
[('中介服务体系-专利中介', 1.0),
 ('政府网站-政府信息', 0.9999999999999998),
 ('大众创业-万众创新', 0.9999999999999998),
 ('企业孵化器-企业孵化', 0.9128709291752769),
 ('文化创意-创意产业', 0.9095085938862486),
 ('科技企业-企业孵化', 0.8660254037844387),
 ('大学科技园-中小企业技术创新', 0.8366600265340756),
 ('科技创新-人民政府', 0.8219949365267865),
 ('新产品-政府采购', 0.8109307588519342),
 ('科技成果转化-创新资源', 0.808290376865476),
 ('市财政局-市科委', 0.808135229794045),
 ('科技创新-中关村', 0.8074061938731717),
 ('新技术-人民政府', 0.8053872662568292),
 ('创新驱动发展-创新中心', 0.7977240352174656),
 ('高端装备制造-新材料', 0.7970811413304554),
 ('新材料-创新成果', 0.7960979398444399),
 ('科技企业-企业孵化器', 0.7905694150420948),
 ('科技创新-创新中心', 0.7877855422677295),
 ('大学科技园-创业投资引导', 0.7826237921249264),
 ('新技术-新产品', 0.765465544619743),
 ('新技术-体系建设', 0.7563225565351133),
 ('人民政府-中关村', 0.753370803500884),
 ('科普教育-科普工作', 0.75),
 ('科技创新-新产品', 0.7499999999999999),
 ('高精尖产业-一带一路', 0.7453559924999299),
 ('新产品-中关村', 0.7364853795464742),
 ('科技创新-新技术', 0.7348469228349535),
 ('众创空间-万众创新', 0.7302967433402214),
 ('科技型中小企业-创业服务', 0.7302967433402214),
 ('大众创业-众创空间', 0.7302967433402214)]
```

图 10-8　相关系数最高的 30 对关键词对

然后，将这些关键词对中的关键词全部存入集合 top30_set 中，代码如下所示：

```
#获取关系最强的30对词语的词
top30_set = set()
for item in list_top30:
    if item[0].split('-')[0] not in top30_set:
        top30_set.add(item[0].split('-')[0])
    if item[0].split('-')[1] not in top30_set:
        top30_set.add(item[0].split('-')[1])
top30_set
```

最后通过 ECharts 可视化展现相关系数最高的 30 对关键词以及它们之间的联系。要展示相关联系，首先需要将数据传入 ECharts 中。传入前，需要将文本挖掘获取的数据转为 ECharts 可以使用的数据格式（主要是字典格式），首先对关键词对之间的关系强弱数据格式进行转换，代码如下所示：

```
#制作适用于ECharts的数据格式
links = []
for item in list_top30:
    links.append({"source":item[0].split('-')[0]
        ,"target":item[0].split('-')[1],
        "lineStyle":
        {"normal":
        {"width":10*relation_number_dict.get(item[0])}}})

links
```

以上代码将关系放大十倍是为了更好地展示可视化效果，数据格式如图 10-9 所示。

```
[{'source': '中介服务体系',
  'target': '专利中介',
  'lineStyle': {'normal': {'width': 10.0}}},
 {'source': '政府网站',
  'target': '政府信息',
  'lineStyle': {'normal': {'width': 9.999999999999998}}},
 {'source': '大众创业',
  'target': '万众创新',
  'lineStyle': {'normal': {'width': 9.999999999999998}}},
 {'source': '企业孵化器',
  'target': '企业孵化',
  'lineStyle': {'normal': {'width': 9.128709291752768}}},
 {'source': '文化创意',
  'target': '创意产业',
  'lineStyle': {'normal': {'width': 9.095085938862486}}},
 {'source': '科技企业',
  'target': '企业孵化',
  'lineStyle': {'normal': {'width': 8.660254037844387}}},
 {'source': '大学科技园',
```

图 10-9 ECharts 所需的关键词关系强弱数据

将关键词的词频作为重要性的数据转换格式，代码如下所示：

```
#制作适用于ECharts的数据格式
data = []
for item in top30_set:
    symbolSize = word_count_dict.get(item)
    data.append(
    {
        'name': item,
        'draggable': 'true',
        'symbolSize': symbolSize,
        'label': {
            'normal': {
                'color': 'black',
            },
        },
    })
data
```

转换后关键词重要性的数据格式如图 10-10 所示。

```
[{'name': '科普工作',
  'draggable': 'true',
  'symbolSize': 4,
  'label': {'normal': {'color': 'black'}}},
 {'name': '创新中心',
  'draggable': 'true',
  'symbolSize': 33,
  'label': {'normal': {'color': 'black'}}},
 {'name': '政府采购',
  'draggable': 'true',
  'symbolSize': 23,
  'label': {'normal': {'color': 'black'}}},
 {'name': '新材料',
  'draggable': 'true',
  'symbolSize': 19,
  'label': {'normal': {'color': 'black'}}},
 {'name': '科技成果转化',
  'draggable': 'true',
  'symbolSize': 27,
```

图 10-10　ECharts 所需的关键词重要性数据

最后将两部分数据整合到 ECharts 的 option 参数框架中，即可完成可视化展示。完整的 option 代码如下所示：

```
option = {
    backgroundColor:                    //背景色
    new echarts.graphic.RadialGradient(
        0.3, 0.3, 0.8, [{
    offset: 0,
    color: '#ffffff'
    }]),
    series: [{
        type: 'graph',                  //节点关系图
        layout: 'force',                //力导向布局图
        symbolSize: 300,                //图形的大小
        roam: true,                     //支持鼠标缩放及平移
        //鼠标移到节点上的时候突出显示节点、边和邻接节点
        focusNodeAdjacency: true,
        label: {
            normal: {
                show: true,             //控制非高亮时节点名称是否显示
                position: '',
                fontSize: 18,           //字体大小
                color: 'black'
            },
            emphasis: {
                show: true,
                position: 'right',
                fontSize: 16,
                color: 'black'
            },
        },
        force: {                        //力的相关设置
            x: 'center',y: '50px',
            edgeLength: 150,
            repulsion: 400              //节点之间的斥力因子
        },
        edgeLabel: {                    //线条的边缘标签设置
            normal: {
                show: false,
                textStyle: {fontSize: 12},
                formatter: "{c}"        //显示形式
            },
            emphasis: {
                show: true,
                textStyle: {fontSize: 14}
            },
        },
        data: [{'name': '创新资源',      //关键词数据
```

```
 'draggable': 'true',          //可拖曳
 'symbolSize': 25,             //节点大小
 //标签设置
 'label': {'normal': {'color': 'black'}}},
{'name': '企业孵化','draggable': 'true','symbolSize': 12,
 'label': {'normal': {'color': 'black'}}},
{'name': '创业服务','draggable': 'true','symbolSize': 12,
 'label': {'normal': {'color': 'black'}}},
{'name': '一带一路','draggable': 'true','symbolSize': 5,
 'label': {'normal': {'color': 'black'}}},
{'name': '政府信息','draggable': 'true','symbolSize': 2,
 'label': {'normal': {'color': 'black'}}},
{'name': '新技术','draggable': 'true','symbolSize': 48,
 'label': {'normal': {'color': 'black'}}},
{'name': '创新中心','draggable': 'true','symbolSize': 33,
 'label': {'normal': {'color': 'black'}}},
{'name': '中小企业技术创新','draggable': 'true','symbolSize': 7,
 'label': {'normal': {'color': 'black'}}},
{'name': '创新成果','draggable': 'true','symbolSize': 24,
 'label': {'normal': {'color': 'black'}}},
{'name': '众创空间','draggable': 'true','symbolSize': 6,
 'label': {'normal': {'color': 'black'}}},
{'name': '万众创新','draggable': 'true','symbolSize': 5,
 'label': {'normal': {'color': 'black'}}},
{'name': '新材料','draggable': 'true','symbolSize': 19,
 'label': {'normal': {'color': 'black'}}},
{'name': '政府采购','draggable': 'true','symbolSize': 23,
 'label': {'normal': {'color': 'black'}}},
{'name': '中关村','draggable': 'true','symbolSize': 42,
 'label': {'normal': {'color': 'black'}}},
{'name': '企业孵化器','draggable': 'true','symbolSize': 10,
 'label': {'normal': {'color': 'black'}}},
{'name': '专利中介','draggable': 'true','symbolSize': 1,
 'label': {'normal': {'color': 'black'}}},
{'name': '创新驱动发展','draggable': 'true','symbolSize': 21,
 'label': {'normal': {'color': 'black'}}},
{'name': '科技型中小企业','draggable': 'true','symbolSize': 10,
 'label': {'normal': {'color': 'black'}}},
{'name': '科技成果转化','draggable': 'true','symbolSize': 27,
 'label': {'normal': {'color': 'black'}}},
{'name': '科普教育','draggable': 'true','symbolSize': 4,
 'label': {'normal': {'color': 'black'}}},
{'name': '市财政局','draggable': 'true','symbolSize': 29,
 'label': {'normal': {'color': 'black'}}},
```

```
{'name': '科技创新','draggable': 'true','symbolSize': 50,
 'label': {'normal': {'color': 'black'}}},
{'name': '政府网站','draggable': 'true','symbolSize': 2,
 'label': {'normal': {'color': 'black'}}},
{'name': '体系建设','draggable': 'true','symbolSize': 35,
 'label': {'normal': {'color': 'black'}}},
{'name': '大学科技园','draggable': 'true','symbolSize': 10,
 'label': {'normal': {'color': 'black'}}},
{'name': '高端装备制造','draggable': 'true','symbolSize': 14,
 'label': {'normal': {'color': 'black'}}},
{'name': '创意产业','draggable': 'true','symbolSize': 16,
 'label': {'normal': {'color': 'black'}}},
{'name': '科普工作','draggable': 'true','symbolSize': 4,
 'label': {'normal': {'color': 'black'}}},
{'name': '创业投资引导','draggable': 'true','symbolSize': 8,
 'label': {'normal': {'color': 'black'}}},
{'name': '人民政府','draggable': 'true','symbolSize': 74,
 'label': {'normal': {'color': 'black'}}},
{'name': '大众创业','draggable': 'true','symbolSize': 5,
 'label': {'normal': {'color': 'black'}}},
{'name': '科技企业','draggable': 'true','symbolSize': 16,
 'label': {'normal': {'color': 'black'}}},
{'name': '新产品','draggable': 'true','symbolSize': 32,
 'label': {'normal': {'color': 'black'}}},
{'name': '中介服务体系','draggable': 'true','symbolSize': 1,
 'label': {'normal': {'color': 'black'}}},
{'name': '市科委','draggable': 'true','symbolSize': 33,
 'label': {'normal': {'color': 'black'}}},
{'name': '文化创意','draggable': 'true','symbolSize': 17,
 'label': {'normal': {'color': 'black'}}},
{'name': '高精尖产业','draggable': 'true','symbolSize': 9,
 'label': {'normal': {'color': 'black'}}}],
links: [{'source': '中介服务体系', //关键词关系数据
 'target': '专利中介', //起始和终止节点
 'lineStyle': {'normal': {'width': 10.0}}}, //连接线宽
{'source': '大众创业','target': '万众创新',
 'lineStyle': {'normal': {'width': 9.999999999999998}}},
{'source': '政府网站','target': '政府信息',
 'lineStyle': {'normal': {'width': 9.999999999999998}}},
{'source': '企业孵化器','target': '企业孵化',
 'lineStyle': {'normal': {'width': 9.128709291752768}}},
{'source': '文化创意','target': '创意产业',
 'lineStyle': {'normal': {'width': 9.095085938862486}}},
{'source': '科技企业','target': '企业孵化',
 'lineStyle': {'normal': {'width': 8.660254037844387}}},
```

```
{'source': '大学科技园','target': '中小企业技术创新',
 'lineStyle': {'normal': {'width': 8.366600265340756}}},
{'source': '科技创新','target': '人民政府',
 'lineStyle': {'normal': {'width': 8.219949365267865}}},
{'source': '新产品','target': '政府采购',
 'lineStyle': {'normal': {'width': 8.109307588519343}}},
{'source': '科技成果转化','target': '创新资源',
 'lineStyle': {'normal': {'width': 8.08290376865476}}},
{'source': '市财政局','target': '市科委',
 'lineStyle': {'normal': {'width': 8.08135229794045}}},
{'source': '科技创新','target': '中关村',
 'lineStyle': {'normal': {'width': 8.074061938731717}}},
{'source': '新技术','target': '人民政府',
 'lineStyle': {'normal': {'width': 8.053872662568292}}},
{'source': '创新驱动发展','target': '创新中心',
 'lineStyle': {'normal': {'width': 7.977240352174656}}},
{'source': '高端装备制造','target': '新材料',
 'lineStyle': {'normal': {'width': 7.970811413304554}}},
{'source': '新材料','target': '创新成果',
 'lineStyle': {'normal': {'width': 7.960979398444399}}},
{'source': '科技企业','target': '企业孵化器',
 'lineStyle': {'normal': {'width': 7.905694150420947}}},
{'source': '科技创新','target': '创新中心',
 'lineStyle': {'normal': {'width': 7.877855422677294}}},
{'source': '大学科技园','target': '创业投资引导',
 'lineStyle': {'normal': {'width': 7.826237921249264}}},
{'source': '新技术','target': '新产品',
 'lineStyle': {'normal': {'width': 7.65465544619743}}},
{'source': '新技术','target': '体系建设',
 'lineStyle': {'normal': {'width': 7.563225565351132}}},
{'source': '人民政府','target': '中关村',
 'lineStyle': {'normal': {'width': 7.53370803500884}}},
{'source': '科普教育', 'target': '科普工作',
 'lineStyle': {'normal': {'width': 7.5}}},
{'source': '科技创新','target': '新产品',
 'lineStyle': {'normal': {'width': 7.499999999999999}}},
{'source': '高精尖产业','target': '一带一路',
 'lineStyle': {'normal': {'width': 7.453559924999299}}},
{'source': '新产品','target': '中关村',
 'lineStyle': {'normal': {'width': 7.364853795464742}}},
{'source': '科技创新','target': '新技术',
 'lineStyle': {'normal': {'width': 7.3484692283495345}}},
{'source': '科技型中小企业','target': '创业服务',
 'lineStyle': {'normal': {'width': 7.302967433402214}}},
{'source': '众创空间','target': '万众创新',
 'lineStyle': {'normal': {'width': 7.302967433402214}}},
{'source': '大众创业','target': '众创空间',
```

```
            'lineStyle': {'normal': {'width': 7.302967433402214}}}]
        }]
    }; //使用刚指定的配置项和数据显示图表。
```

10.3 文本挖掘可视化与结论

以上完整代码的可视化结果如图 10-11 所示，从图中可以观察到，“人民政府”“科技创新”“新技术”“中关村”等词语在最近 10 年的北京市科技法规规章文件中大量出现，且有较强的关联性，体现出文本中强调政府、科技、创新的重要性。

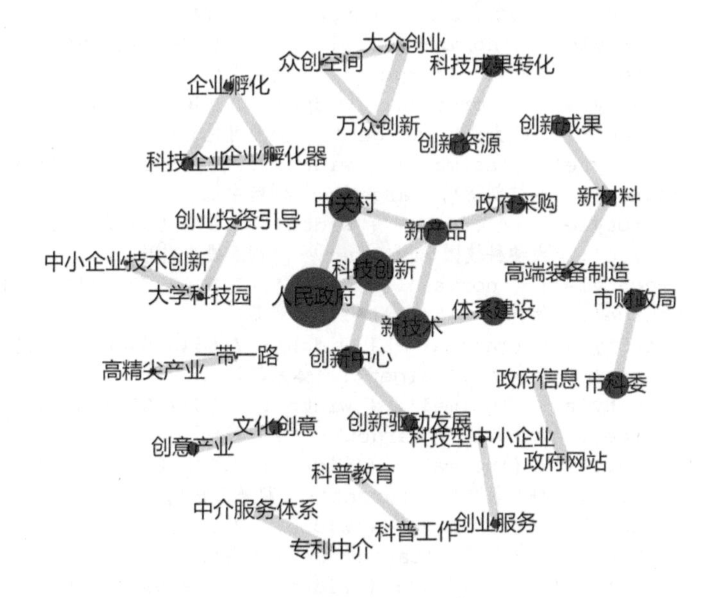

图 10-11 文本挖掘结果 ECharts 可视化

除此之外，还有很多关键词各自形成了比较强关联的群组，体现了不同领域的关注点。例如“企业孵化”“科技企业”“企业孵化器”三者存在直接较强关联，体现了科技相关企业的孵化较为重要；“众创空间”“大众创业”“万众创新”三者存在直接较强关联，体现了北京市对于创业的支持力度较大；“新材料”“创新成果”“高端装备制造”之间存在关联，体现了材料研发和装备制造的上下游关系等。

10.4　本章小结

本章主要对北京市科学技术委员会网站上发布的北京市科技法规规章文件进行文本挖掘，并通过 ECharts 展示文本关键词与关键词之间的关系。整个流程涉及获取数据、文本分词、新词发现、筛选关键词、关键词相关系数计算、数据格式转换、ECharts 可视化文本挖掘结果、结论分析等过程。通过 ECharts 可视化展现挖掘结果，可以轻松得出近十年北京市科技法规规章文件中重点关注的领域及相关内容。

11 CHAPTER

第 11 章

ECharts 高级功能

在上一章中，我们详细讲解了如何通过文本挖掘获取文本关键信息，并通过 ECharts 可视化展示。在本章中，我们将学习一些 ECharts 的高级功能，从而更好地完成可视化交互设计，让可视化更加丰富多彩。

11.1 使用富文本标签

在 ECharts 中，如果想要制作表达能力强的文字描述信息，可以借助富文本标签实现，ECharts 在 3.7 版本之后开始支持富文本标签。富文本标签主要有如下几个功能：

1）支持对文本块的部分片段定义特殊样式；

2）支持在文本中使用图片制作图标或者背景；

3）支持定制文本块的整体样式。

首先要区分文本块和文本片段，也就是本文标签的部分（文本片段）与整体（文本块）的关系。通过学习官方文档中的代码，即可熟悉如何设置相关内容，代码如下：

```
label: {
    //在文本中，可以对部分文本采用rich中定义样式
    //这里需要在文本中使用标记符号：
    // `{styleName|text content text content}`标记样式名
    //注意，换行仍是使用'\n'
```

```
    formatter: [
        '{a|这段文本采用样式a}',
        '{b|这段文本采用样式b}这段用默认样式{x|这段用样式x}'
    ].join('\n'),

    //这里是文本块的样式设置
    color: '#333',
    fontSize: 5,
    fontFamily: 'Arial',
    borderWidth: 3,
    backgroundColor: '#984455',
    padding: [3, 10, 10, 5],
    lineHeight: 20,

    // 这里是文本片段的样式设置
    rich: {
        a: {
            color: 'red',
            lineHeight: 10
        },
        b: {
            backgroundColor: {
                image: 'xxx/xxx.jpg'
            },
            height: 40
        },
        x: {
            fontSize: 18,
            fontFamily: 'Microsoft YaHei',
            borderColor: '#449933',
            borderRadius: 4
        },
        ...
    }
}
```

注意，上述内容都是在 label 中定义，文本和采用的样式在 formatter 中定义，其格式为“{样式 a| 这段文本采用样式 a}”，然后是文本块的样式（总），之后是每个文本片段（分）的样式（该部分写在 rich 中），代码如下（代码中已经加入了详细注释供读者参考）。

```
option = {
    series: [
```

```
{
    type: 'scatter',
    data: [{
        value: [0, 0],                                          //位置
        label: {                                                //富文本内容
            normal: {                                           //文本块样式定义
                show: true,
                formatter: [
                    '默认文字样式',
                    '{a|文字描边宽度与颜色}',
                    '{b|带背景色边界圆角}',
                    '{c|带有色阴影且阴影在x、y轴偏移}'
                ].join('\n'),
                backgroundColor: '#ddd',                        //文本块背景色
                borderColor: '#444',                            //描边颜色
                borderWidth: 4,                                 //描边宽度
                borderRadius: 10,                               //描边半径
                padding: 15,                                    //描边扩充空间
                color: '#000',                                  //默认字体颜色
                fontSize: 20,                                   //默认字体大小
                shadowBlur: 50,                                 //阴影模糊等级
                shadowColor: '#666',                            //阴影颜色
                shadowOffsetX: 3,                               //阴影x轴偏移
                shadowOffsetY: 3,                               //阴影y轴偏移
                lineHeight: 30,                                 //行高
                rich: {                                         //文本片段样式定义
                    a: {                                        //样式a
                        fontSize: 30,                           //字体大小
                        textBorderColor: '#00F',                //文字描边颜色
                        textBorderWidth: 4,                     //文字描边宽度
                        color: '#ff0'                           //文字颜色
                    },
                    b: {
                        backgroundColor: '#F0F',                //文字背景色
                        color: '#000',                          //文字颜色
                        fontSize: 15,                           //文字大小
                        borderRadius: 10,                       //文字边角半径
                        padding: 6                              //文字边界扩充
                    },
                    c: {
                        backgroundColor: '#04f',
                        padding: 4,                             //文字边界扩充
                        color: '#FFF',                          //文字颜色
                        shadowBlur: 5,                          //阴影模糊等级
                        shadowColor: '#0F0',                    //阴影颜色
```

```
                                    shadowOffsetX: 8,    //阴影x轴偏移
                                    shadowOffsetY: 8     //阴影y轴偏移
                                }
                            }
                        }
                    }
                }]
            }
        ],
        xAxis: { //不显示x轴
            axisLabel: {show: false},
            axisLine: {show: false},
            splitLine: {show: false},
            axisTick: {show: false},
            min: -1,
            max: 1
        },
        yAxis: { //不显示y轴
            axisLabel: {show: false},
            axisLine: {show: false},
            splitLine: {show: false},
            axisTick: {show: false},
            min: -1,
            max: 1
        }
    };
```

结果如图 11-1 所示。

图 11-1　文本块和文本片段样式

通常，在可视化图中使用图标可以让可视化效果更具感染力和辨识度，可以通过将文本片段的 backgroundColor 参数中的 image 参数值指定为图标来实现，显示效果如图 11-2 所示。

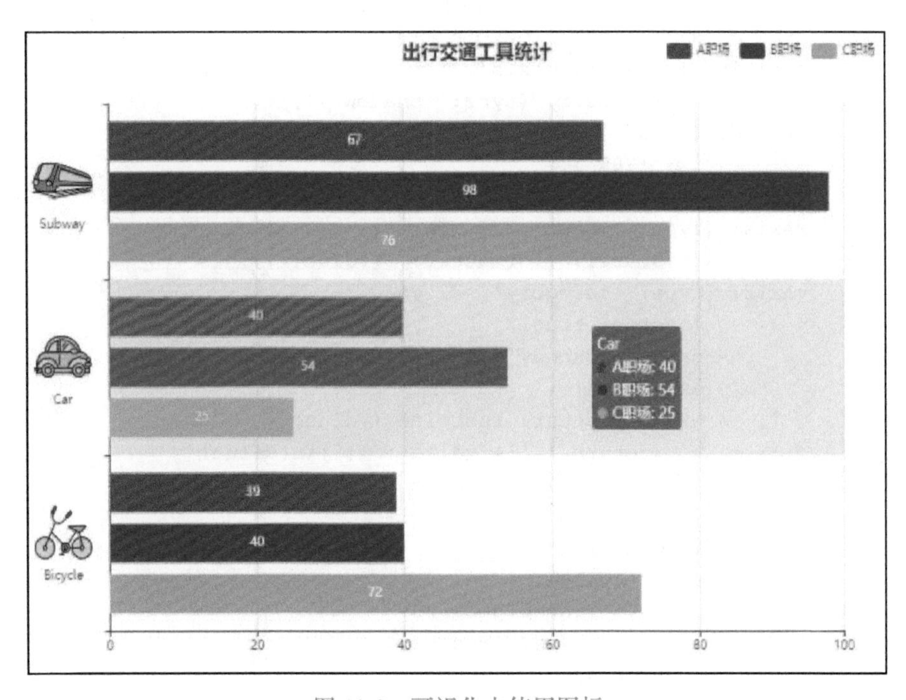

图 11-2　可视化中使用图标

在如下代码中，图标为本地加载，y 轴类别通过图标加文字的方式展现。

```
<!DOCTYPE html>
<html lang="en">
<head>
    <meta charset="UTF-8">
    <title></title>
    <script src="echarts.js"></script>
</head>
<body>
<div id="main" style="width: 900px;height: 600px;"></div>
<script type="text/javascript">
    var myChart = echarts.init(document.getElementById("main"));
    var Icons = { //图标本地路径
        'Subway': "C:/Users/Dell/Downloads/高铁.png",
        'Car': "C:/Users/Dell/Downloads/小汽车.png",
```

```
    'Bicycle': "C:/Users/Dell/Downloads/自行车.png"
};
var Label = {normal: {show: true}};
option = { //数据和设置部分
    title: {text: '出行交通工具统计', //标题
            x: 'center'},
    tooltip: {trigger: 'axis',
            axisPointer: {type: 'shadow'}},
    legend: {data: ['A职场', 'B职场', 'C职场'], //图例
             x: '70%'},
    grid: {left: 90}, //网格
    xAxis: {type: 'value', // x轴
            axisLabel: {formatter: '{value}'}},
    yAxis: {type: 'category', // y轴
            inverse: true,
            data: ['Subway', 'Car', 'Bicycle'],
            axisLabel: {
                formatter: function (value) {
                return '{' + value + '| }\n{value|'
                           + value + '}';
            },
            margin: 15,
            rich: {value: {
                        lineHeight: 20,
                        align: 'center'},
                    Subway: {
                        height: 60,
                        align: 'center',
                        backgroundColor: {
                            image: Icons.Subway}},
                    Car: {
                        height: 60,
                        align: 'center',
                        backgroundColor: {
                            image: Icons.Car}},
                    Bicycle: {
                        height: 60,
                        align: 'center',
                        backgroundColor: {
                            image: Icons.Bicycle}
                            }
                        }
            }
        },
    series: [{name: 'A职场', //数据部分
```

```
                    type: 'bar',
                    data: [67, 40, 39],
                    label: Label},
                   {name: 'B职场',
                    type: 'bar',
                    label: Label,
                    data: [98, 54, 40]},
                   {name: 'C职场',
                    type: 'bar',
                    label: Label,
                    data: [76, 25, 72]}]
    };
    myChart.setOption(option);
    </script>
</html>
```

11.2 数据的异步加载

在很多情况下，数据并不是在 option 初始化时填入的，而是在初始 option 模板设置好后，在需要数据时异步加载进去的。常见的数据异步加载方式是使用 jQuery 等工具异步获取数据后将数据填入 option 中。出于安全考虑，现在的浏览器大多不支持跨域请求加载数据，所以这里只是简单模拟异步加载数据，让大家对异步加载有个初步认识。

```
function getData(e) {
    //通过setTimeout模拟异步加载，设置加载时间为2秒
    setTimeout(function () {
        e({
            categories: ['A商品', 'B商品', 'C商品', 'D商品', 'E商品'],
            data: [
                {value: 343, name: 'A商品'},
                {value: 250, name: 'B商品'},
                {value: 509, name: 'C商品'},
                {value: 108, name: 'D商品'},
                {value: 948, name: 'E商品'}
            ]
        });
    }, 2000);
}

//初始化option
```

```
option = {
title: {
    text: '各商品销量占比',
    subtext: 'A商场情况分析',
    left: 'center'
},
tooltip: {
    trigger: 'item',
    formatter: '{a} <br/>{b} : {c} ({d}%)'
},
legend: {
    orient: 'vertical',
    left: 'left',
    data: []
},
series: [
    {
        name: '所售商品',
        type: 'pie',
        data: [],
    }
]
};

myChart.showLoading(); //显示加载动画


getData(function (data) { //异步加载数据
    myChart.hideLoading(); //数据加载完成后隐藏动画
    myChart.setOption({
        legend: {
            data: data.categories
        },
        series: [{
            //根据名字对应到相应的系列
            name: '销量',
            data: data.data
        }]
    });
});
```

在上述代码中首先定义了一个 getData 方法，该方法的作用是携带需要加载的数据，并将数据加载时间设置为 2 秒，之后设置 option 模板，使用 myChart.showLoading() 显示加载等待动画，如图 11-3 所示。

图 11-3　加载等待动画

调用 getData() 方法完成数据加载，并隐藏动画，然后就会呈现出数据加载完成后的可视化饼图了。如果从 URL 或本地加载 JSON 数据文件，会涉及浏览器跨域加载数据，但目前主流的浏览器默认禁止跨域加载数据，有兴趣的读者可以尝试研究一下。

11.3　响应式自适应

在制作可视化时，需要对可视化中的各部分进行定位。回忆前文对定位相关内容的介绍，定位方式主要可分为三种。

1）绝对值，用数值型的像素值表示，例如 left:10。

2）百分比，用字符型的百分比表示，例如 top:'20%'。

3）位置描述，用字符型的位置单词，例如 left:'center'。

在制作 ECharts 可视化时，会建立一个指定尺寸的 DOM 容器来存放 ECharts 的各种内容，例如如下代码：

```
<!--为ECharts准备一个具备大小（宽高）的DOM -->
    <div id="main" style="width: 600px;height:400px;"></div>
```

试想一下，当一幅 ECharts 可视化展示在不同尺寸的 DOM 容器中时，效果会如何呢？答案是显示效果可能不好，例如元素重叠。

为了设置相关规则，使得 ECharts 可视化在 DOM 容器大小变化时也能尽量友好展示，可以在 option 中设置 media 参数。使用时需要遵循以下格式：

```
option = {
    baseOption: { //这里是基本的“原子option”
        title: {...},
        legend: {...},
        series: [{...}, {...}, ...],
        ...
    },
```

```
        media: [ //这里定义了media query的逐条规则。
            {
                query: {...},     //这里写规则
                option: {         //这里写此规则满足下的option
                    legend: {...},
                    ...
                }
            },
            {
                query: {...},     //第二个规则
                option: {         //第二个规则对应的option
                    legend: {...},
                    ...
                }
            },
            {                     //这条里没有写规则，表示默认
                option: {         //即所有规则都不满足时，采纳这个option
                    legend: {...},
                    ...
                }
            }
        ]
    };
```

在上述代码中，baseOption 是基础的 option，然后根据不同的 query 条件进行判断，当满足 query 时，则该 query 下的 option 会与 baseOption 合并后同时生效。

目前 query 中支持判断 width、height、aspectRatio（长宽比）等属性，其中每个属性都可以加上 max 或 min 前缀。判断条件可以是单个条件，也可以是组合条件，例如 {maxWidth: 500, minHeight: 400} 表示“宽度小于等于 500，高度大于等于 400”。

注意，上述代码最后一部分的 option 前没有 query，当以上 query 判断都不满足时，这个 option 生效，有点像 if-else 中的 else 语句。

如果需要满足多个 query 条件，则最后一个优先级更高。

下面通过一个具体案例来看看效果，代码如下。

```
%%javascript
<!DOCTYPE html>
<html>
<head>
    <meta charset="utf-8">
```

```
    <title>ECharts</title>
    <!--引入echarts.js -->
    <script src="E:/ECharts/echarts.js"></script>
    <!--在线引入jquery.min.js -->
        <script src="https://code.jquery.com/jquery-3.4.1.min.js">
        </script>
</head>
<body>
    <!--为ECharts准备一个具备大小（宽高）的DOM -->
    <div id="main" style="width: 600px;height:400px;"></div>
    <script type="text/javascript">
        var myChart = echarts.init(document.getElementById('main'));
    $.when(
    //当该draggable.js导入完成，则开始初始化
    $.getScript('https://www.runoob.com/static/js/draggable.js')
    ).done(function () {
            draggable.init(
                $('div[_echarts_instance_]')[0],
                myChart,
                {width: 1000,
                    height: 400});
option = {
    //基础option
    baseOption: {
        title : {text: '环形图',
                x:'center'},
        legend: {data:['pie-a','pie-b','pie-c','pie-d']},
        series : [
            {type:'pie',
             data:[
                    {value:10, name:'pie-a'},
                    {value:50, name:'pie-b'},
                    {value:30, name:'pie-c'},
                    {value:20, name:'pie-d'}]},
            {type:'pie',
             data:[
                    {value:30, name:'pie-a'},
                    {value:50, name:'pie-b'},
                    {value:15, name:'pie-c'},
                    {value:25, name:'pie-d'}]}]},
        //自适应选项
        media: [
                {query:{                          // query中为条件
                        minAspectRatio: 1},   //当长宽比大于1
            option:{
```

```
    legend:{right: 'center',
            bottom: 0,
            orient: 'horizontal'},    //图例水平放置
    series:[                          //两个圆环图y方向相同
           {radius: [20, '50%'],
            center: ['25%', '50%']},
           {radius: [30, '50%'],
            center: ['75%', '50%']}]
    }
},
{query: {
    maxAspectRatio: 1},               //当长宽比小于1
    option: {
        legend: {
            right: 'center',
            bottom: 0,
            orient: 'vertical'},      //图例竖直放置
        series: [                     //两个圆环图x方向相同
            {radius: [20, '50%'],
            center: ['50%', '30%']},
            {radius: [30, '50%'],
            center: ['50%', '70%']}]
        }
    },
    {query: {
    //大于等于800的宽度时，执行该option设置
        maxWidth: 800},
      option: {
        legend:{right: 10,
                top: '15%',
                orient: 'vertical'},
        series:[
               {radius: [20, '50%'],
                center:['50%', '30%']},
               {radius:[30, '50%'],
                center:['50%', '75%']}]
        }
},
{ //注意这个option没有query选项,
  //即当以上query都不满足时，执行如下option设置
option: {
    legend: {right: 'center',
        bottom: 0,
        orient: 'horizontal'},
```

```
            series: [
                {radius: [20, '50%'],
                 center: ['25%', '50%']},
                {radius: [30, '50%'],
                 center: ['75%', '50%']}]
            }
        },
    ]
};
myChart.setOption(option);
    });
    </script>
</body>
</html>
```

在上述代码中，首先导入了 ECharts、Jquery、draggable.js 等组件，当 draggable.js 完成导入后，进行初始化。接着是 option 的代码部分，option 中的 baseOption 为基础 option 设置，media 为适配不同尺寸的 query 条件而进行的自适应。通过代码可以看出 option 改变的是 legend 和环形图中心的位置，结果如图 11-4 所示。

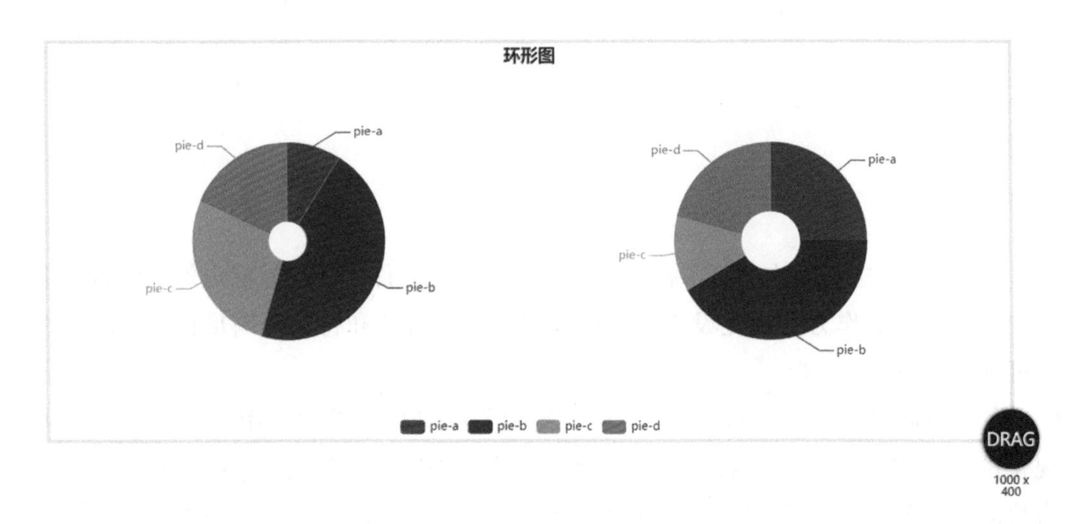

图 11-4　初始情况展示

拖动右下角的“DRAG”，当满足 aspectRatio（长宽比）小于 1 时，相对应的 option 设置发生变化，两个环形图从 y 轴坐标相同变为 x 轴坐标相同，可视化如图 11-5 所示。

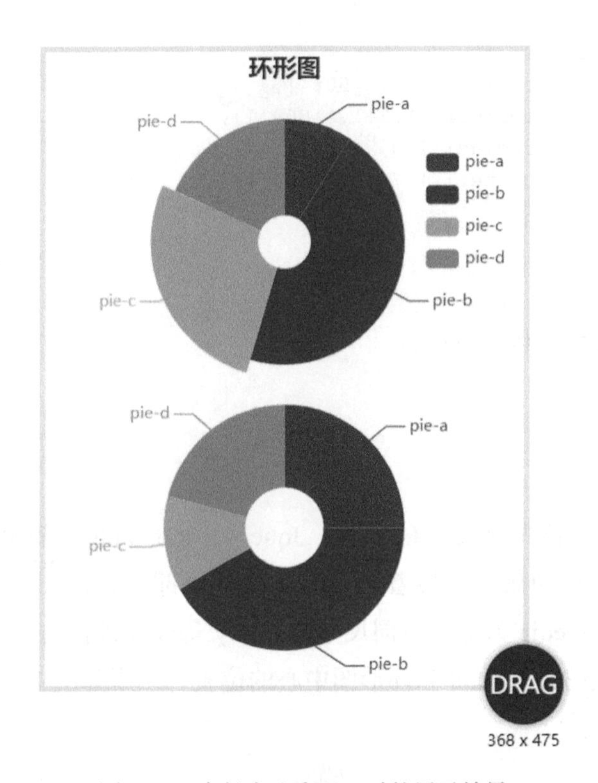

图 11-5 当长宽比小于 1 时的展示效果

11.4 事件与行为

在 ECharts 中，用户的某些操作可以触发相应的事件，例如鼠标悬停在柱状图上可以高亮显示。作为可视化设计者，可以定义这些事件和行为来满足相应需求，提高可视化的用户交互性。

在 ECharts 中，常见事件主要是与鼠标相关的事件，因为当用户去分析一张可视化图时，主要是通过鼠标交互。例如以下代码实现了当鼠标点击饼图中的商品饼块时，打开新的页面并在百度搜索引擎中搜索该商品。其中，myChart.on('click', function (params){}) 代表鼠标点击事件，window.open('https://www.baidu.com/s?wd=' + encodeURIComponent(params.name)) 代表打开新的百度搜索引擎页面，并通过参数名称构造搜索页面的 URL 实现搜索功能。

```
<!DOCTYPE html>
```

```
<html>
<head>
    <meta charset="utf-8">
    <title>ECharts</title>
    <!--引入echarts.js -->
    <script src="E:/ECharts/echarts.js"></script>
</head>
<body>
    <!--为ECharts准备一个具备大小（宽高）的DOM -->
    <div id="main" style="width: 600px;height:400px;"></div>
    <script type="text/javascript">
        //基于准备好的DOM，初始化ECharts实例
        var myChart = echarts.init(document.getElementById('main'));
            option = {
                title: {
                    text: '各商品销量占比',
                    subtext: 'A商场情况分析',
                    left: 'center'
                },
                tooltip: {
                    trigger: 'item',
                    formatter: '{a} <br/>{b} : {c} ({d}%)'
                },
                legend: {
                    orient: 'vertical',
                    left: 'left',
                    data: ['A商品', 'B商品', 'C商品',
                           'D商品', 'E商品']
                },
                series: [
                        {name: '所售商品',
                         type: 'pie',
                         data: [
                                {value: 343, name: 'A商品'},
                                {value: 250, name: 'B商品'},
                                {value: 509, name: 'C商品'},
                                {value: 108, name: 'D商品'},
                                {value: 948, name: 'E商品'}
                        ],
                    }
                ]
            };
            myChart.setOption(option);
            //处理点击事件并且跳转到相应的百度搜索页面
            myChart.on('click', function (params) {
                window.open('https://www.baidu.com/s?wd=' +
                encodeURIComponent(params.name));
     });
```

```
    </script>
</body>
</html>
```

触发事件前的可视化如图 11-6 所示，看上去与之前的饼图可视化没什么差别。当点击 C 商品的饼块时，会自动跳转到百度搜索引擎搜索 C 商品的页面，如图 11-7 所示。

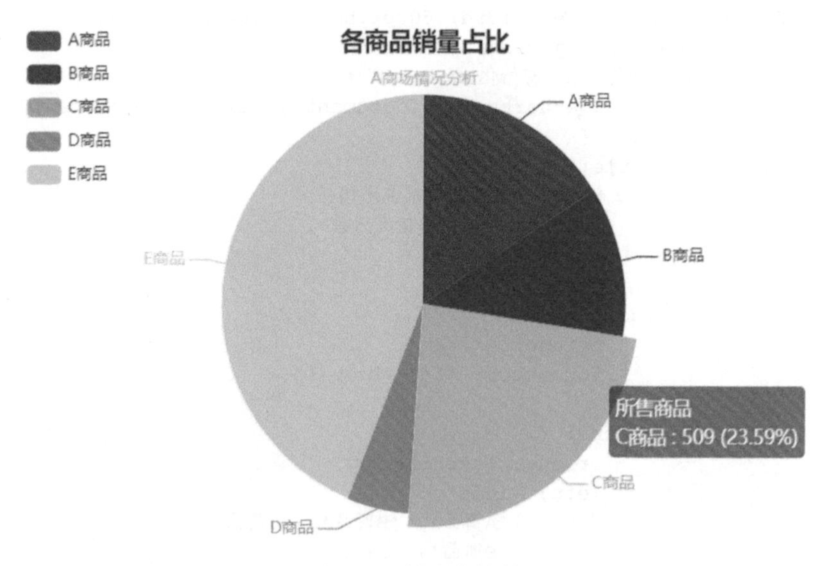

图 11-6　触发事件前

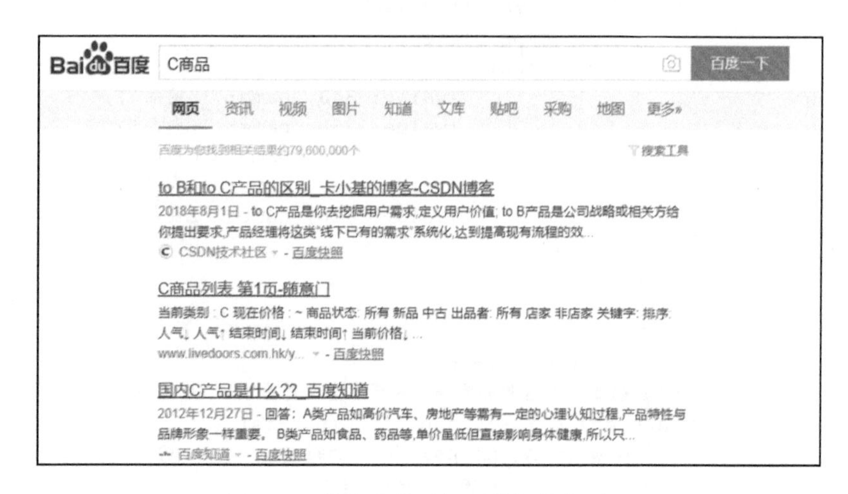

图 11-7　触发事件后打开的新搜索页面

除了鼠标 click（点击）事件，还有 dblclick（双击）、mousedown（鼠标按下）、mousemove（移动鼠标）、mouseup（松开弹起）、mouseover（鼠标移入）、mouseout（鼠标移除出）、globalout（鼠标移出全局）、contextmenu（右键点击）等事件。关于事件与行为的更多内容可以参考官方文档。

11.5　三维可视化制作

ECharts GL 提供了大量三维可视化组件，考虑到不再增加 ECharts 体积，可作为扩展方式引入。可以在官网（https://echarts.apache.org/zh/download.html）下载 Echarts GL，打开该页面后翻到最下部，选择合适版本右键另存即可完成下载。建议选择源代码版本，如图 11-8 所示。

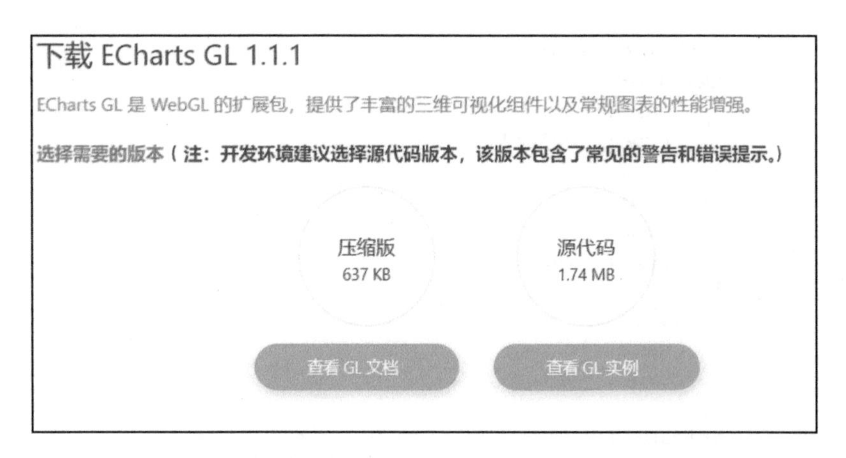

图 11-8　下载 ECharts GL

下载后正常引入即可使用。如图 11-8 所示，ECharts 官网提供了 GL 文档以及 GL 实例，感兴趣的读者可以直接查看相应内容。关于 ECharts 的配置项，可以参考网址（https://echarts.apache.org/zh/option-gl.html#globe）上的相关内容。

本节将演示如何制作一种常见的三维可视化——三维散点图，具体实现代码如下：

```
%%javascript
<!DOCTYPE html>
<html lang="en">
```

```
<head>
    <meta charset="UTF-8">
    <title>ECharts三维散点图</title>
    <script src="E:/ECharts/echarts.js"></script>
    <script src="E:/ECharts/echarts-gl.js"></script>
</head>
<body>
<div id="main" style="width:500px;height:600px;margin: 0 auto;"></div>
</body>
<script>
        var myChart = echarts.init(document.getElementById('main'));
        var data = [
            [100, 50, 70],
            [40, 240, 60],
            [100, 30, 50],
            [200, 70, 40],
            [150, 30, 50]
        ];

        myChart.setOption({
            xAxis3D: {
                name: "x",
                type: 'value',
            },
            yAxis3D: {
                name: "y",
                type: 'value',
            },
            zAxis3D: {
                name: "z",
                type: 'value',
            },
            grid3D: {
                viewControl: {          //用于鼠标的旋转，缩放等视角控制
                    beta: 100           //视角绕y轴，即左右旋转的角度
                },
                boxWidth: 100,
                boxHeight: 100,
                boxDepth: 100,
                top: 'middle'           //组件的视图离容器上侧的距离
            },

            series: [{
                type: 'scatter3D',      //三维散点图
                data: data,
                symbolSize: 15,         //点的大小
                itemStyle: {
                    color: "#F00"       //点的颜色
```

```
                }
            }]
        });
</script>
</html>
```

从代码中可以看出，与之前的可视化相比，ECharts GL 主要有以下几个特点：

1）额外加载“E:/ECharts/echarts-gl.js”扩展部分；

2）data 数据是三维的；

3）除了 x 和 y 轴，出现了第三个维度的 z 轴；

4）三维散点图的 type 参数值为“scatter3D”。

三维可视化结果如图 11-9 所示。

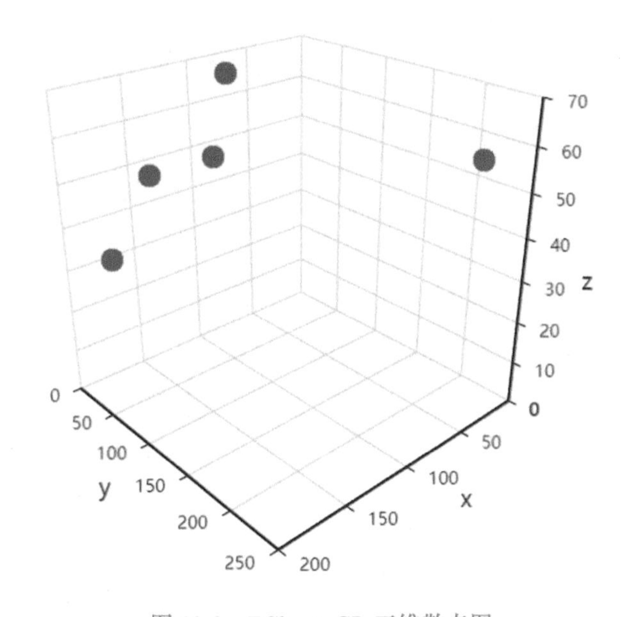

图 11-9 ECharts GL 三维散点图

11.6 本章小结

在本章中，我们学习了富文本标签、数据的异步加载、响应式自适应、事件与行为和三维可视化制作的相应内容。通过这些 ECharts 的高级功能，能够让 ECharts 可视化实现更多功能，提升与用户的交互性，并大大提升 ECharts 可视化的表现力。

12 CHAPTER

第 12 章

可视化经验分享

上一章讲解了 Echarts 的一些高级功能，本章会聊一聊我在制作可视化时积累的一些经验，希望对你有所帮助。

12.1 如何选择合适的可视化类型

可视化是借助图形化的方法，清晰有效地将数据展示出来。当有可视化需求时，我们应该先了解需求是什么。例如需求是查看“近六个月的销量情况”，首先我们可以确定这里会涉及两个维度展示，一个维度是时间序列（在这里是“近六个月”），另一个维度是每个月的销量。展示两个维度的可视化方法很多，例如散点图、折线图、柱状图等，在这里很显然选择折线图较为合适，为什么呢？因为折线图适合展示连续的时间序列数据，如图 12-1 所示。通过折线图，可以清晰观察出销量随时间的变化情况。

该折线图对应的具体代码如下：

```
option = {
    title: {
        text: '近六个月销量情况',
        left: 'center'
    },
    xAxis: {
```

```
        type: 'category',
        data: ['2020-3', '2020-4', '2020-5', '2020-6', '2020-7', '2020-8']
    },
    yAxis: {
        type: 'value'
    },
        series: [{
        data: [820, 932, 901, 934, 1290, 1330],
        type: 'line'
    }]
};
```

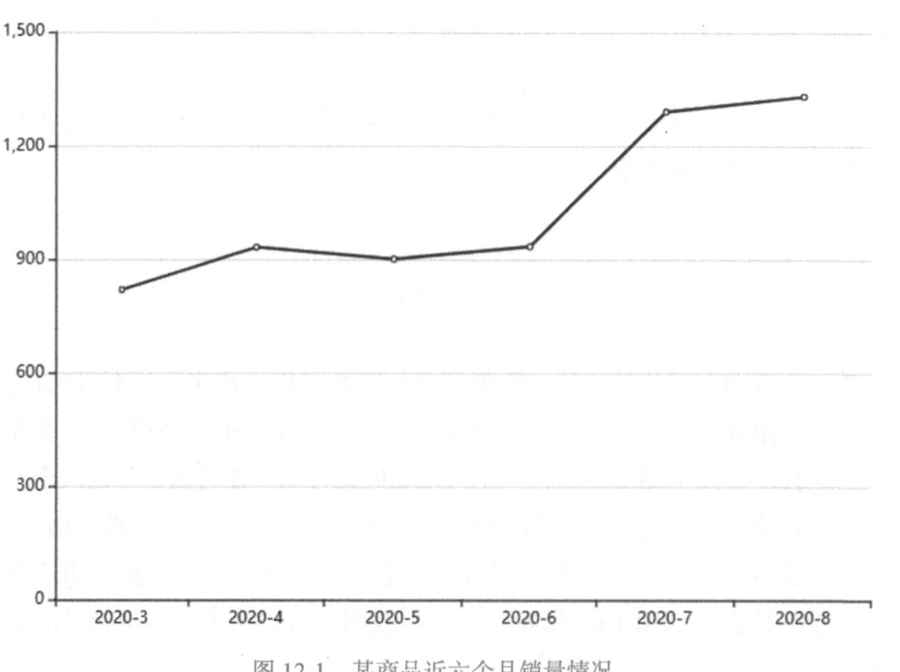

图 12-1　某商品近六个月销量情况

每种可视化都有其适合的应用场合，需要在明确要展示的信息之后合理选择可视化类型。这里简单总结下：

- 如果需要展示数据的分布情况，可以考虑散点图、箱线图、柱状图、直方图；
- 如果需要展示数据的变化趋势，可以考虑折线图和双轴图；
- 如果需要展示对比效果，可以考虑柱状图、饼图、雷达图；

- 如果需要展示数据的部分与整体关系，可以考虑面积图、饼图、旭日图、堆积柱状图、矩形树图；
- 如果需要展示数据之间的关系，可以考虑散点图、气泡图、桑基图。
- 如果需要展示文本信息的重点，可以考虑词云图；
- 如果需要展示流程中每一步的转化情况，可以考虑漏斗图。

12.2　可视化配色需注意什么

在第 5 章中提到了色彩主题，如果想要自己搭配色彩，其实有很多可以优化和注意的点，总结如下。

如果是新手，建议直接使用色彩主题，因为色彩主题是专业人士设置搭配的，不仅美观而且使用方便，无须自己花大量时间搭配。如果自己搭配，很可能搭配很久也得不到想要的效果，所以，如果你觉得某套色彩主题合适就大胆使用吧。ECharts 提供了 13 种可选的色彩主题方案，如图 12-2 所示，点击左上角的下载主题即可下载使用。

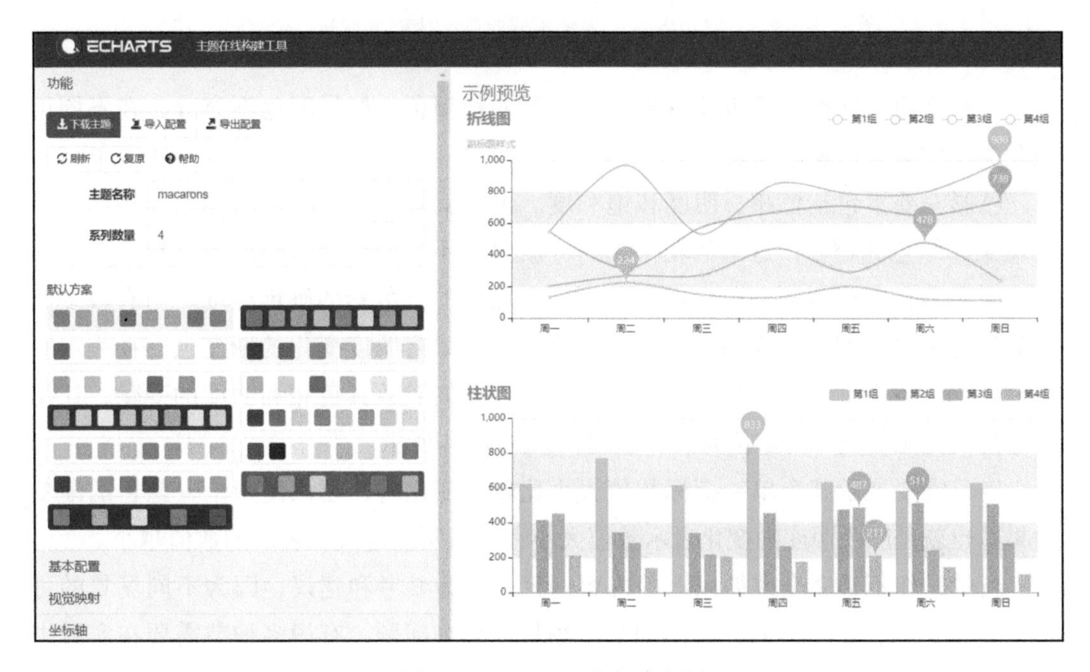

图 12-2　ECharts 的色彩主题

如果需要展示的内容有着符合人类感知的颜色，建议直接使用该颜色。例如红色经常和热力图的热量大小搭配使用，蓝色和降水量搭配使用。例如，图 12-3 代表某设备在一周的不同时间的内部温度热力值，温度越高，热力值越大。从图 12-3 中可以一目了然地观察出温度最高的时间是周日的上午九点（9a）。

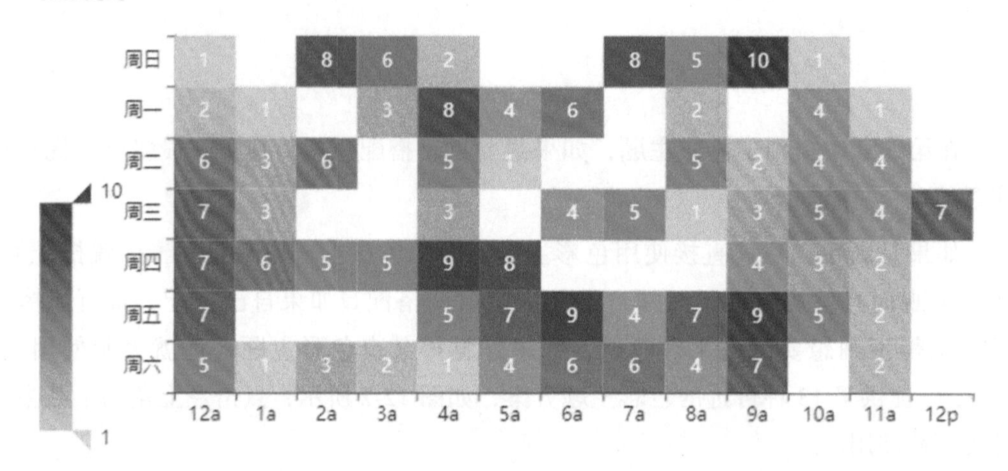

图 12-3 某设备在一周的不同时间的内部温度热力值

一般来说，标准的可视化看板至少需要 6 种颜色，如果配色不充分，在不同可视化类型中会影响表达效果。

色彩三要素包括色相、明度和饱和度。色相就是我们平时说的颜色，例如红色的花朵、绿色的树叶，这里的花朵和树叶就具有不同的色相；明度指色彩的明暗程度，也是我们平时说的颜色深浅度；而饱和度指的是色彩的鲜艳程度。当有较多数据类别需要展现时，如果只是明度的变化，例如只有明度变化的渐变色，在表示和展现不同元素单元时不能够明显区分，所以需要同时兼具色相和明度的变化，让用户通过视觉感受更好的定位元素和数据，如图 12-4 所示。

当只需要展示某个单一指标数值大小比较和变化时，建议使用单一颜色的渐变效果，也就是颜色明度的变化表示数值大小，一般明度越大，表示的数值越小。

当然，你不必完全遵循以上的内容，只是作为参考和建议，因为不同场景的可视化要求不同，受众不同，具体到某个场景和某个问题，有很多细节需要在实践中反复尝试并不断积累经验，搭配出更合适的色彩效果。

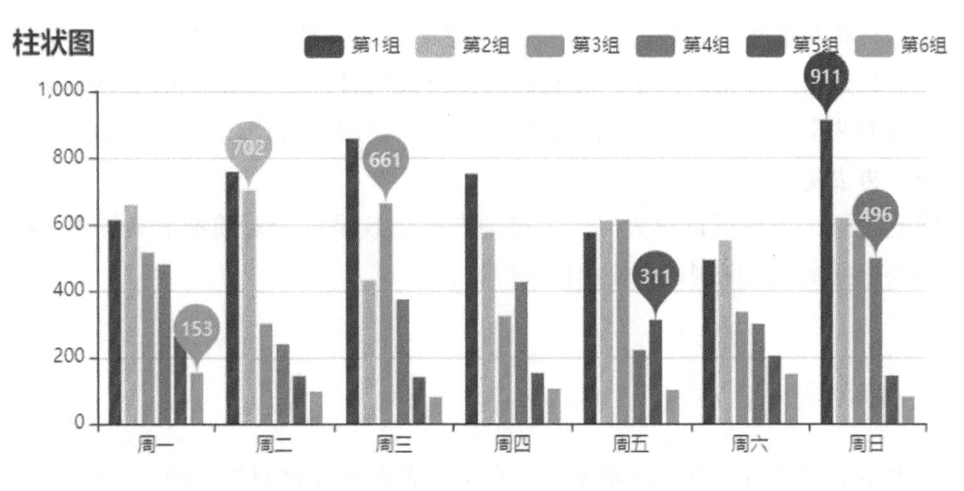

图 12-4　同时兼具色相和明度变化的图

12.3　追求动态和酷炫效果有错吗

做可视化时，总希望制作的内容能让人眼前一亮，于是很多人将“眼前一亮”理解为动态和色彩艳丽的酷炫效果。首先，追求动态和酷炫的效果，本身并没有什么问题，但是人们往往会因为可视化内容是动态而将注意力更多花费在动态内容上，例如某地区人口迁徙的图中有多条曲线连接迁入和迁出的地区，并加入箭头代表人们的迁入与迁出方向，但是为了酷炫，在曲线上加入某些图标（例如飞机图标）代表人口的流动方向。首先，这幅图确实十分酷炫，但是冷静下来会发现各个地区的人口流向曲线已经交叉，会影响人们看图的直观判断，如果此时你再加上动态图标，会干扰人们的观察和判断，而将图标改为光束的传播效果是不是更好呢？所以善用图标能够对一幅可视化图的表现力锦上添花，滥用也会使结果适得其反。

除了动态，酷炫的色彩也是人们常常使用的，目的是为了让可视化不再平淡无奇。例如在一个柱状图，对每一个柱子填充一种颜色。你可能会问，为什么不能用多种颜色填充呢？一种颜色太平淡了，多种颜色才能凸显这幅可视化！如果你是这样想的，那么请思考一下柱状图的目的是什么？柱状图是为了表达数据的分布情况，所以它的关注点应该是柱子的高度，而不是柱子的颜色。当然，你可以用渐变色来加强柱子高度的展示，例如柱子越高颜色越深，这是合理的。我们可以回顾下第 5 章中提到的 ECharts 官方主题构建工具，是不是都是用单一色彩填充普通柱状图呢？

当然聚合柱状和堆叠柱状中一般会出现多种色彩代表多种类型数据。

以上只是两个常见的例子，在我们制作可视化时，对于动态和色彩的选择需要谨慎，你首先要明确为什么使用这些？使用后比使用前有什么好处？如果能回答这些问题，再去使用。

除此之外，当数据量很大时，大量动态酷炫效果可能对前端渲染提出了挑战，所以需要根据实际情况测试和使用这些特效。

12.4 本章小结

作为本书的最后一章，本章主要分享了笔者在可视化制作中的一些认知，从可视化类型选择和色彩搭配角度分享了部分经验，希望读者可以在可视化制作中积累经验，提高可视化制作的水平！

推荐阅读

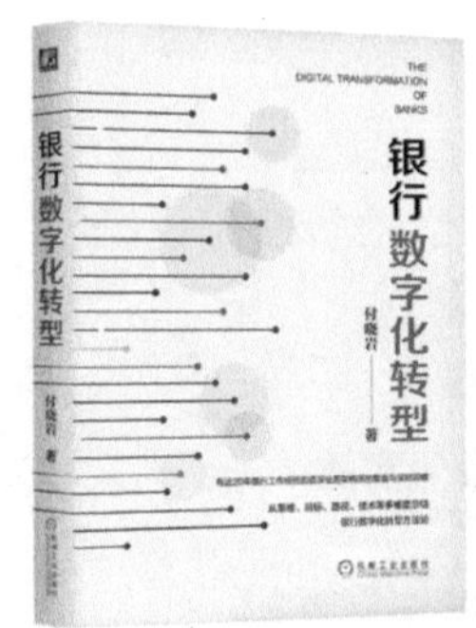

华为数据之道

华为官方出品。
这是一部从技术、流程、管理等多个维度系统讲解华为数据治理和数字化转型的著作。华为是一家超大型企业，华为的数据底座和数据治理方法支撑着华为在全球170多个国家/地区开展多业态、差异化的运营。书中凝聚了大量数据治理和数字化转型方面的有价值的经验、方法论、规范、模型、解决方案和案例，不仅能让读者即学即用，还能让读者了解华为数字化建设的历程。

银行数字化转型

这是一部指导银行业进行数字化转型的方法论著作，对金融行业乃至各行各业的数字化转型都有借鉴意义。
本书以银行业为背景，详细且系统地讲解了银行数字化转型需要具备的业务思维和技术思维，以及银行数字化转型的目标和具体路径，是作者近20年来在银行业从事金融业务、业务架构设计和数字化转型的经验复盘与深刻洞察，为银行的数字化转型给出了完整的方案。

用户画像

这是一本从技术、产品和运营3个角度讲解如何从0到1构建用户画像系统的著作，同时它还为如何利用用户画像系统驱动企业的营收增长给出了解决方案。作者有多年的大数据研发和数据化运营经验，曾参与和负责多个亿级规模的用户画像系统的搭建，在用户画像系统的设计、开发和落地解决方案等方面有丰富的经验。

企业级业务架构设计

这是一部从方法论和工程实践双维度阐述企业级业务架构设计的著作。
作者是一位资深的业务架构师，在金融行业工作超过19年，有丰富的大规模复杂金融系统业务架构设计和落地实施经验。作者在书中倡导“知行合一”的业务架构思想，全书内容围绕“行线”和“知线”两条主线展开。“行线”涵盖企业级业务架构的战略分析、架构设计、架构落地、长期管理的完整过程，“知线”则重点关注架构方法论的持续改良。

推荐阅读

ECharts
数据可视化
入门、实战与进阶
DATA VISUALIZATION BY
ECHARTS

数字孪生实战
基于模型的数字化企业(MBE)

Python数据分析
与挖掘实战

数据分析即未来
企业全生命周期数据分析应用之道
THE ANALYTICS
LIFECYCLE TOOLKIT

O'REILLY
大规模数据分析和建模
基于Spark与R
Mastering Spark with R
[美] Javier Luraschi Kevin Kuo
Edgar Ruiz 著
魏博 译

增强型分析
AI驱动的数据分析、业务决策与案例实践

Python数据分析
与数据化运营

Python3智能数据分析
快速入门

R语言
数据可视化
实战